국가직무표준교육을 위한

NCS MAKE UP STUDY

– 기본메이크업 편 –

저자 설현진 · 최지은

도서출판 예림

NCS MAKE UP STUDY

Contents

기본메이크업 편

기초메이크업 진단평가

진단영역	진 단 문 항	매우 미흡	미흡	보통	우수	매우 우수
기초제품 사용하기	1. 나는 피부타입에 따른 제품을 선택하여 클렌징을 실시할 수 있다.	①	②	③	④	⑤
	2. 나는 클렌징 상태를 확인하고 화장솜, 면봉 등으로 추가 클렌징을 할 수 있다.	①	②	③	④	⑤
	3. 나는 피부타입, 상태에 따라 기초제품 제형, 바르는 순서 등을 선택할 수 있다.	①	②	③	④	⑤
	4. 나는 기초제품으로 피부의 일시적인 이상, 트러블에 대한 조치를 취할 수 있다.	①	②	③	④	⑤
베이스 메이크업 하기	1. 나는 피부상태, 디자인 등에 다른 메이크업 제형, 색상을 선택할 수 있다.	①	②	③	④	⑤
	2. 나는 얼굴형태, 피부색 등을 고려하여 자연스러운 피부표현을 할 수 있다.	①	②	③	④	⑤
	3. 나는 피부의 추가적인 결점 보완을 위한 제품을 선택할 수 있다.	①	②	③	④	⑤
	4. 나는 얼굴형태, 피부상태에 따른 윤곽 수정 제품을 사용할 수 있다.	①	②	③	④	⑤
아이 메이크업 하기	1. 나는 재료의 특성에 따른 질감, 발색, 밀착성, 발림성 등을 구분 · 선택할 수 있다.	①	②	③	④	⑤
	2. 나는 메이크업목적, 디자인 등을 반영하여 아이새도우을 표현할 수 있다.	①	②	③	④	⑤
	3. 나는 메이크업목적, 디자인과 조화로운 아이라인을 표현할 수 있다.	①	②	③	④	⑤
	4. 나는 아이 메이크업 디자인과 조화되는 마스카라 제품을 활용할 수 있다.	①	②	③	④	⑤
	5. 나는 속눈썹표현을 위하여 제품을 가공하여 표현할 수 있다.	①	②	③	④	⑤
	6. 나는 최신 아이메이크업 트렌드, 제품정보를 고객에게 설명할 수 있다.	①	②	③	④	⑤
아이 브로우 메이크업 하기	1. 나는 눈썹형태, 얼굴형, 디자인 등에 따른 아이브로우 이미지를 구분할 수 있다.	①	②	③	④	⑤
	2. 나는 메이크업디자인, 스타일 등에 따른 아이브로우를 표현할 수 있다.	①	②	③	④	⑤
	3. 나는 고객의 자기 관찰을 통한 요구 사항을 분석하여 아이브로우 메이크업을 수정할 수 있다.	①	②	③	④	⑤
	4. 나는 최신 아이브로우 표현 트렌드, 제품 정보 등을 고객에게 설명할 수 있다.	①	②	③	④	⑤
립&치크 메이크업	1. 나는 스타일과 조화로운 립&치크 기본 형태를 디자인 할 수 있다.	①	②	③	④	⑤
	2. 나는 재료의 질감, 발색, 밀착성, 발림성 등을 구분할 수 있다.	①	②	③	④	⑤
	3. 나는 메이크업 디자인과 조화되는 제품을 선택하여 립&치크 메이크업을 할 수 있다.	①	②	③	④	⑤
	4. 나는 립&치크 메이크업 트렌드, 제품정보를 고객에게 설명할 수 있다.	①	②	③	④	⑤
마무리 스타일링 하기	1. 나는 스타일, 표현 이미지와 조화되는 수정보완 메이크업을 실시할 수 있다.	①	②	③	④	⑤
	2. 나는 헤어 등의 전체 코디네이션을 메이크업과 조화되도록 수정할 수 있다.	①	②	③	④	⑤
	3. 나는 메이크업 관련 스타일링, 코디네이션 트렌드를 고객에게 전달할 수 있다.	①	②	③	④	⑤

진단결과

진단영역	문항 수	점 수	점수 ÷ 문항수
기초제품사용하기	4		
베이스 메이크업하기	4		
아이 메이크업하기	6		
아이 브로우 메이크업하기	4		
립&치크 메이크업	4		
마무리 스타일링하기	3		
합 계	25		

☞ 자신의 점수를 문항 수로 나눈 값이 '3점' 이하에 해당하는 영역은 업무를 성공적으로 수행하는데 요구는 능력이 부족한 것으로 교육훈련이나 개인학습을 통한 개발이 필요함.

Part 1. Make up의 이해

01 메이크업의 정의

02 메이크업 목적

03 메이크업의 종류

04 메이크업 도구

01 메이크업의 정의

메이크업전문가로서 메이크업이 무엇인지 정의를 이해하는 과정은 중요하다. 인터넷 자료를 통해 다양한 메이크업의 정의를 찾아보자.

(1) 메이크업이란?

____

____

____

____

____

____

자료출처(   )

잠깐! 알아둡시다.

메이크업의 어원(서양)

페인팅 (Painting)	➔	마뀌아쥬 (Maquillage)	➔	뚜알렛 (Toilette)	➔	리차드 크라슈 (Richard Crashou)	➔	맥스팩터 (Max Factor)

메이크업의 어원(동양)

화장(化粧) = 가화(假粧)

우리나라 고유어휘

담장	농장	염장	응장	야용	성장

02 메이크업의 목적

메이크업은 인류의 탄생과 그 출발을 같이 한다. 인류의 기원과 함께한 메이크업의 발생과 메이크업의 목적에 대해서 인터넷 자료를 통해 찾아보자.

(1) 메이크업의 기원

자료출처(   )

(2) 메이크업 목적

자료출처(   )

잠깐! 알아둡시다.

(1) 메이크업 직무의 정의

메이크업은 특정한 상황과 목적에 맞는 이미지, 캐릭터 창출을 목적으로 이미지분석, 디자인, 메이크업, 뷰티코디네이션, 후속관리 등을 실행함으로써 얼굴 · 신체를 연출하고 표현하는 일이다.

(2) 메이크업의 기능과 정의

화장품이나 도구를 사용하여 신체의 아름다운 부분은 돋보이도록하고 단점은 수정하거나 보완하는 미적가치를 추구하는행위이다.

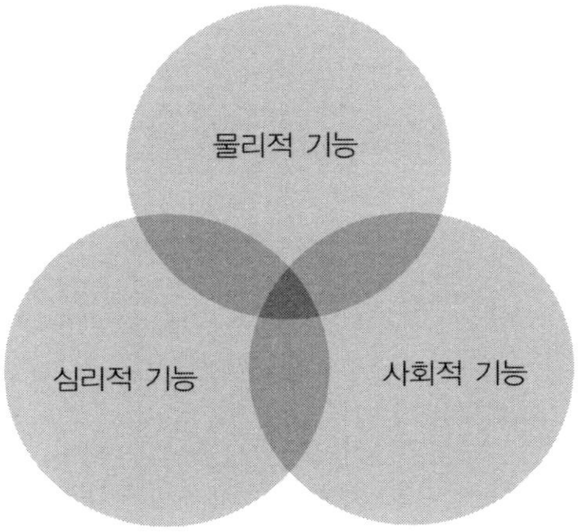

(3) 메이크업의 전문가의 역할

단순히 얼굴을 아름답게 꾸미는 기능인이 아니라 한 시대의 사회문화적인 면을 반영하여 끊임없이 새로운 인물을 재창조하는 예술가

POINT MEMO!

03 메이크업의 종류

메이크업의 종류는 여러 가지로 표현 목적이나 방법에 따라 여러 가지로 나눌 수 있습니다. 국가직무표준에서 분류하는 메이크업의 종류에 대해 공부해 봅시다.

웨딩 메이크업	미디어메이크업	무대공연 메이크업
특수효과 메이크업	아트 메이크업	스킨아트 메이크업

________ 은 웨딩이미지파악하기, 이미지연출, 메이크업 수정보완 등을 통하여 웨딩에서 고객의 이미지를 부각시키고 표현할 수 있는 능력이다.

________ 은 미디어기획의도파악, 미디어 현장특성 및 메이크업 이미지분석 등을 통해 개발된 캐릭터를 미디어 특성에 맞게 표현될 수 있도록 메이크업을 기획, 실행하는 과정이다.

________ 은 캐릭터 표현을 위한 고증자료를 수집하고 연출의도, 무대(촬영현장), 작품캐릭터 등을 분석하여 메이크업 이미지를 기획, 개발하여 메이크업을 실행하는 능력이다.

________ 은 캐릭터분석, 특수효과 메이크업 디자인, 메이크업 재료제작 등을 통한 캐릭터 표현을 위해 메이크업을 실행, 보완을 할 수 있는 능력이다.

은 표현하고자 하는 이미지를 디자인하여 모델 체형 분석을 하고 관련 재료 및 도구를 사용하여 아트 메이크업을 하는 능력이다.

은 디자인을 기획하여 고객에게 이미지 및 디자인을 제시하고 재료 및 도구 등을 통해 스킨아트 메이크업을 시행하는 능력이다.

잠깐! 알아둡시다.

메이크업의 범주

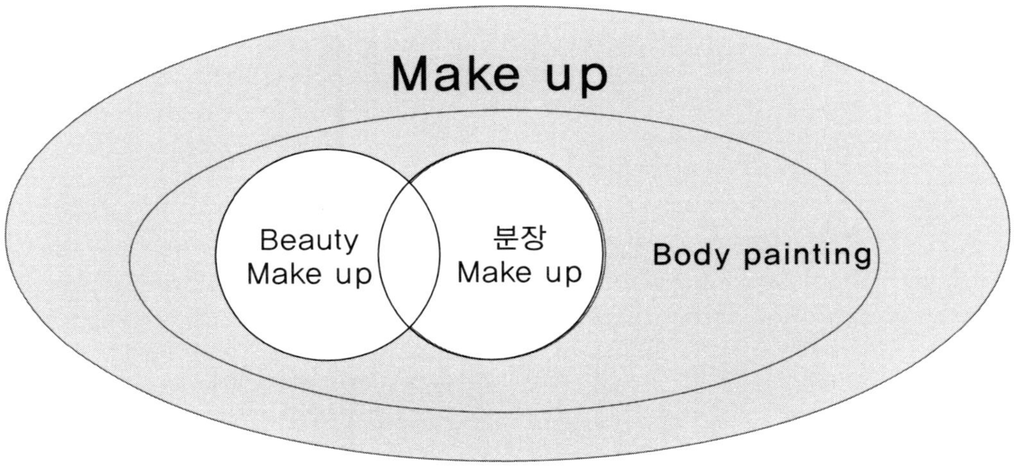

POINT MEMO!

04 메이크업도구

메이크업 전문가로서 메이크업 시 활용하는 도구에 대한 이해를 알아야 의도한 표현을 이끌어 낼 수 있다. 따라서 메이크업에 가장 중요한 도구로 활용되는 브러시에 대해 익히자.

(1) 브러시 모질에 따른 분류

분류	인조모	혼합모	자연모
모양	IMAGE	IMAGE	IMAGE
특징			
적용부위 및 사용방법			

(2) 브러시 컷팅 따른 분류

분류	그러데이션 컷	직선 컷(원랭스)	이중 컷
모양	IMAGE	IMAGE	IMAGE
특징			
적용부위 및 사용방법			

(3) 브러시 모양 따른 분류

분류	직선	사선	둥근선	부채선
모양	IMAGE	IMAGE	IMAGE	IMAGE
특징				
적용부위 및 사용방법				

(4) 브러시의 모양과 사용제품 연결해 보기

브러시	모양	사용제품
파우더 브러시	폭신폭신하고 큰 사이즈	하이라이트
블러셔 브러시	둥글고 중간 사이즈	블러셔
파운데이션 브러시	섬세하고 납작한 브러시	루즈 파우더
섀도 브러시	크고 납작한 타원형 모양	리퀴드 파운데이션

❖ *POINT*

① 파우더 브러시

폭신폭신하고 큰 사이즈의 브러시 루즈 파우더나 브론즈 가루를 바르는데 사용한다.

② 블러셔 브러시

둥글고 중간 사이즈 브러시 블러셔나 브론저를 바르거나 섞는데 사용한다.

③ 파운데이션 브러시

크고 납작한 타원형 브러시로 리퀴드나 크림 파운데이션을 바르는데 사용한다.

④ 스머지 브러시

부드러운 스모키 룩 또는 아이라이너 주변 앞뒤로 흔적을 남기거나, 살짝 희미하게 바를 때 사용한다.

⑤ 섀도 브러시

섬세하고 납작한 브러시로 눈의 골격에 하이라이트를 주거나 주름을 강조 또는 눈꺼풀 전체 컬러를 쓸때 사용한다.

그 외 브로우 브러시, 라이너 브러시, 아이래시 브러시, 립 브러시 등 이있다.

(5) 스펀지의 모양과 질감에 따른 분류

분류	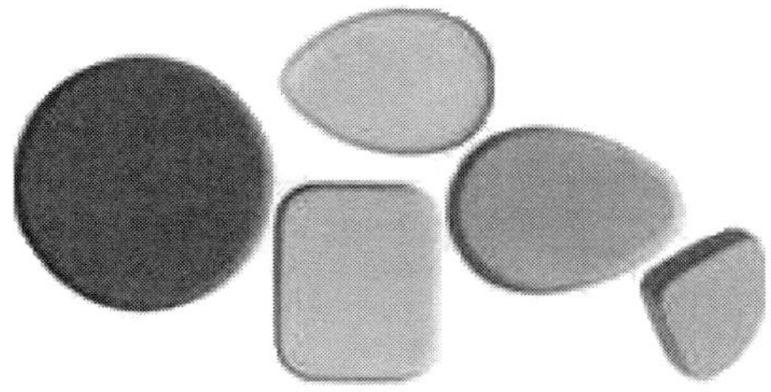	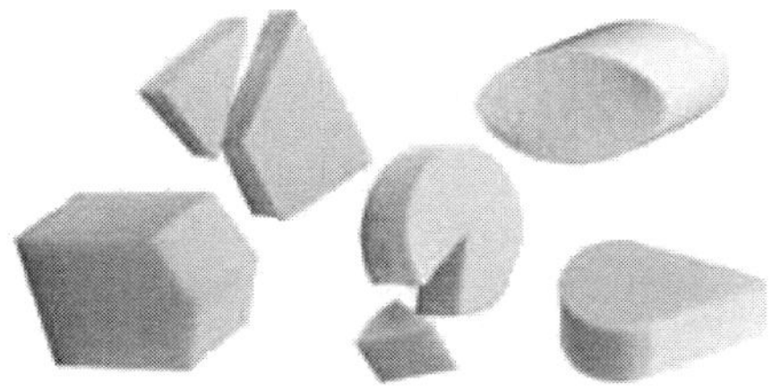
특징		
적용부위 및 사용방법		

둥근 타입

- 두께가 비교적 얇은 편이다.
- 접어서 쓸 수 있을 만큼 널찍하다.
- 잘린 듯한 선보다는 둥근 곡선 형태.

주로 볼이나 이마 같은 넓은 면을 빠르게 펴 바르는 데 사용한다.

밀착시켜 접으면 직선타입 대용으로도 활용할 수 있다.

직선 타입

- 둥근타입보다 입체감이 있다.
- 뾰족한 스펀지 끝이 존재한다.
- 자른 듯한 직선의 느낌이 강하다.

코옆, 눈밑, 입가 같은 국소 부위를 세밀히 표현하고 싶을 때 사용한다.

스펀지의 잘린 면을 활용하면 둥근타입 대용으로 사용할 수 있으나 면적은 좁다.

잠깐! 알아둡시다.

"스펀지의 조직감은 삶은 달걀을 느낌의 탱탱한 정도가 가장 적당합니다. 지나치게 치밀하여 딱딱한 조직의 스펀지는 화장이 고르게 먹지 않아요. 스펀지가 너무 물렁거려도 얼룩이 생긴다."

잠깐! 알아둡시다.

스펀지의 이해

1. 모양

달걀형, 사선 스펀지 등 곡선과 면으로 이뤄진 스펀지와 삼각형, 펜타곤 등 직선형 스펀지도 있다. 볼이나 이마는 넓은 곡선 면으로, 코옆, 눈가, 입가처럼 들쑥날쑥한 부위는 직선형의 스펀지의 뾰족한 부분을 활용한다.

2. 결

하나의 스펀지 안에서도 면마다 결이 다른 제품이 좋다. 코팅된 면은 밀착감을 살리고, 양털 등으로 만들어진 벨벳 면으로는 부드럽게 펴 바르는 데 활용한다. 스펀지의 느낌이 부드러워야 하고, 구멍은 눈에 안보일 듯 미세한 것이 좋다.

3. 소재

스펀지의 소재는 피부에 표현되는 느낌과 모서리의 마모에 영향을 미친다. 대부분 라텍스, 폴리우레탄, 천연 고무 등의 소재로 이뤄져 있다. 라텍스나 폴리우레탄은 두드릴수록 자연스럽고 밀착력을 높이는 반면, 천연 고무의 경우는 스펀지 표면이 매끈하여 윤기 나는 물광 느낌의 베이스 표현이 가능하다.

4. 탄력

탄력은 압력을 고르게 분산시켜 스펀지에 흡수되었던 파운데이션이 바깥으로 배어나와 얼굴 전체에 고르게 발리도록 하는 요소가 된다. 살포시 눌렀을 때의 은근한 반발력이 느껴져야 한다.

5. 크기

자기 손 안에 쏙 들어올 크기가 핸들링이 편하다. 스펀지가 너무 작거나 너무 크면 자유자재로 손을 활용하기 힘들어 평균 사방 3~4cm 이내가 적당하다.

6. 두께

스펀지의 두께는 두드리고자 하는 부위와 스펀지 측면이 맞물리듯 싹 밀착될 정도가 가장 적절하다. 눈밑, 코옆처럼 굴곡진 부위의 섬세한 표현을 위해서는 약 5~7mm가 적당하다.

Part 2. 기초제품 사용하기

01 피부의 이해

02 기초제품 적용하기

03 화장품의 이해

01 피부의 이해

(1) 피부세포조직도

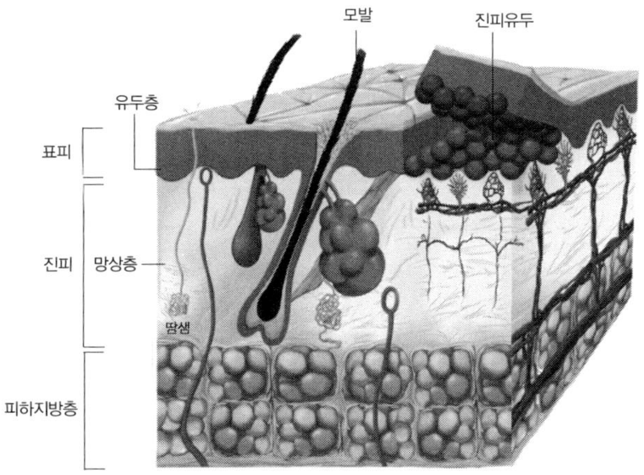

[진피의 구조]

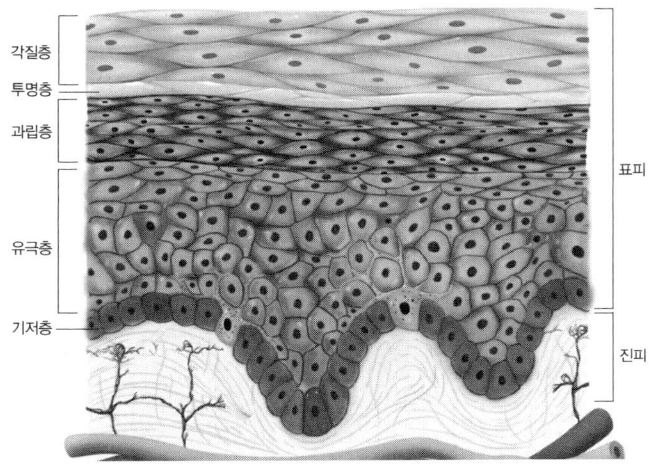

[표피의 구조]

(2) 피부타입 분석

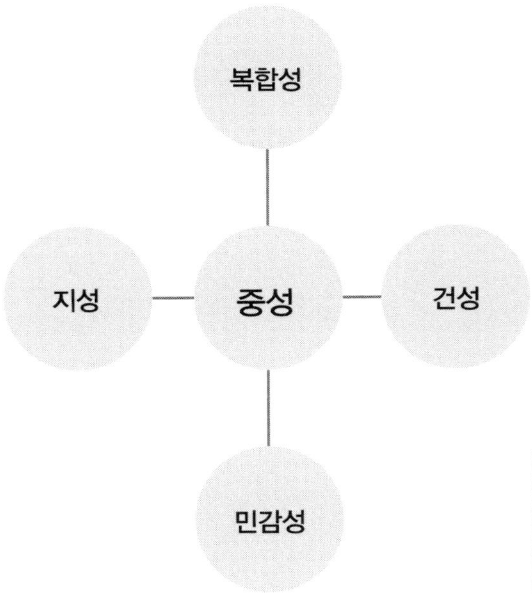

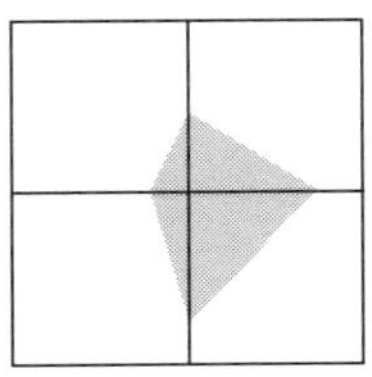

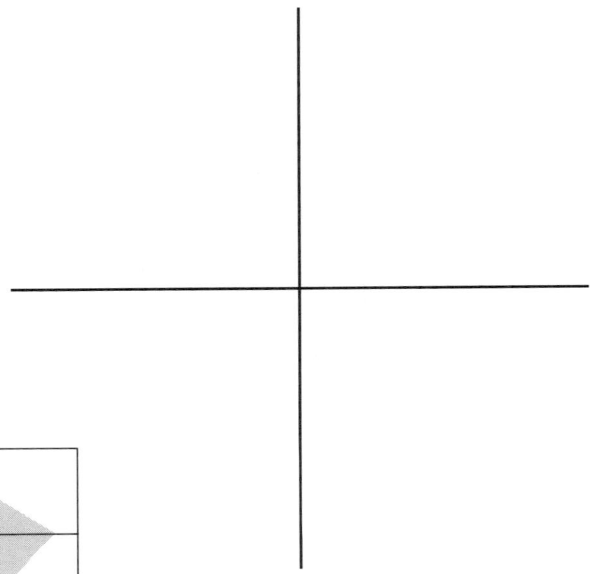

나의 피부타입을 분석해보자!

(3) 피부 Zone의 이해

메이크업 제품의 적용을 위해 피부zone의 이해는 중요합니다.

피부의 정확한 부위의 명칭을 그림에서 찾아 연결해보세요.

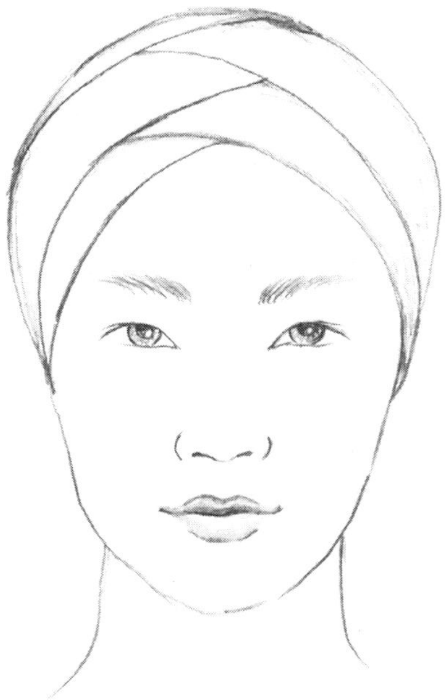

T존

애플존

C존

U존

트라이앵글존

피부 zone에 따라 적용되는 손가라의 압력이 달라집니다.

손가락의 힘과 피부의 zone에 따른 적용을 연결해 보세요.

T존

애플존

C존

U존

트라이앵글존

손가락 힘에 따른 피부 zone적용!

02 기초제품 적용하기

수분이 많은 묽은 제형의 제품에서 오일성분이 진한 제형의 순서로 피부에 적용합니다. 보기의 제품을 적용순서대로 작성해 보세요.

(1) 제품의 적용순서

스킨(토너), 로션, 에센스(세럼), 수분크림, 페이스오일, 영양크림

POINT MEMO!

(2) 피부결 분석

피부의 결은 메이크업의 기초공사에 해당됩니다. 건축에서 기초공사가 중요하듯이 피부결의 정리는 선크림이나 메이크업 베이스, 색조 등의 전단계에서 이로어지는 아주 중요한 단계입니다.
얼굴을 보고 모공방향, 솜털방향, 주름 등의 방향을 분석하여 봅시다.

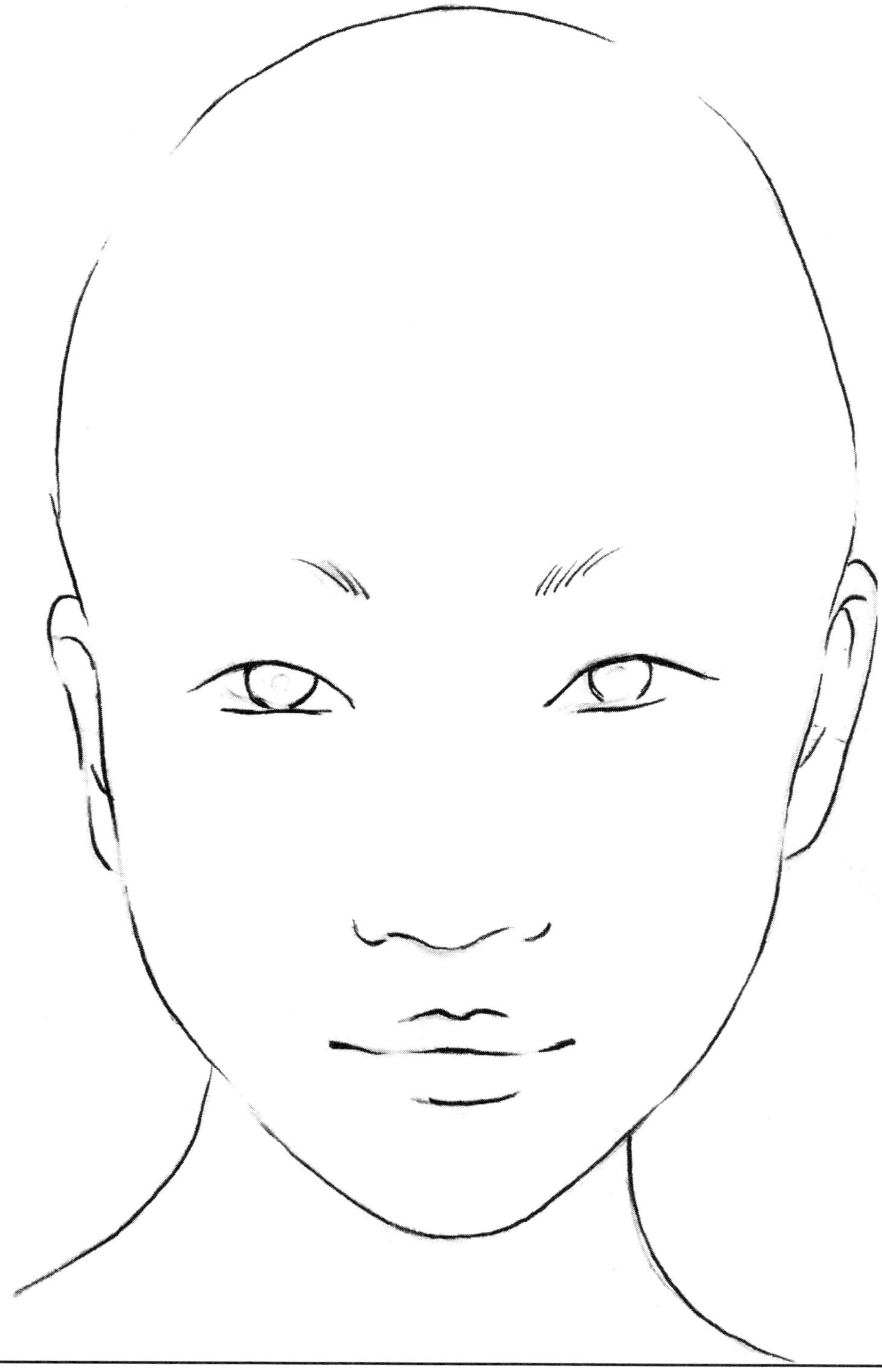

모델명:

(3) 메이크업 워밍업

메이크업의 기초단계에서 피부의 혈행을 개선하기 위한 메이크업의 워밍업이 필요합니다. 피부결 정리와 워밍업을 위한 순서를 정리해 봅시다.

자료출처(   )

POINT MEMO!

피부결 정리와 메이크업 워밍업을 위한 지압점을 찾아 아래의 지압점을 오려서 붙여봅시다.

절취선

지압점 지압점 지압점 지압점 지압점 지압점 지압점 지압점

03 화장품의 이해

기초제품의 바른 적용을 위해서는 제품의 바른 용어의 이해와 화장품 성분에 대한 학습이 필요하다. 화장품의 용어와 화장품 성분에 대해 공부해보자.

(1) 화장품 용어의 이해

리퀴드	모이스처라이징	오일-프리	롱래스팅	오 떼르말
워터프루프	포어 타이트닝	디톡스	리프팅/퍼밍	

( ) 은(는) 텍스처가 액체에 가까운 묽은 상태를 말한다.

( ) 은(는) 피부에 수분을 공급하여 촉촉하게 하는 것을 뜻한다.

( ) 은(는) 유분기를 거의 함유하지 않은 제품을 뜻한다.

( ) 은(는) 방수성이 있어 물이나 땀에 번지지 것을 뜻한다.

( ) 은(는) 온천수를 뜻하며 유럽지역에서 유래한 워터베이스 제품의 주로 사용되고 있다.

( ) 은(는) 모공 속을 정화하고 크기를 줄여주는 제품에 쓰인다.

( ) 은(는) 인체(피부) 내의 축척된 독소를 제거 및 배출하는 것을 뜻한다.

( ) 은(는) 모공을 좁혀주고 진피에 탄력 및 영양을 주어 피부가 처지는 것을 방지하는 것을 뜻한다.

( ) 은(는) 지속력이 높아 화장이 오래가는 것을 뜻한다.

(2) 화장품 성분의 이해

알파하이드록시산	레티노이드	알로에	카모마일
세라마이드	글리세린	파라벤	히알루론산
시어 버터	베타하이드록시산	에타놀	항산화제

[　　　　] 은(는) 피부표면의 죽은각질을 제거해주어 피부톤을 균일하게 한다. 그러나 각질제거로 피부가 자외선에 민감해짐으로 자외선차단제를 필히 함께 사용해야한다.

[　　　　] 은(는) 지용성 화학 각질제거 성분으로 표면 각질제거와 모공속 피지를 용해하는 특성이 있다. 지성피부와 여드름피부에 큰 효과를 얻을 수 있다. 알파하이드록시산 보단 각질을 제거하는 강도는 약하나 자극이 덜하다.

[　　　　] 은(는) 비타민A에서 파생된 화학혼합물의 일종으로 세포의 성장을 조절하여 주름이나 잡티를 줄여주며 손상된 피부를 개선시킨다. 피부노화와 주름을 개선해주는 항산화제품으로 쓰인다.

[　　　　] 은(는) 몸 안에 생기는 활성산소를 억제해주며, 공해 등의 유해산소 발생으로 인한 노화를 막는 역할을 한다.

[　　　　] 은(는) 피부에 존재하는 생체합성천연물질로써 아미노산과 우론산이 결합된 다당류에 속한다. 성분의 무게의 1000배에 달하는 수분을 저장하여 피부를 촉촉하게 유지해주며 세균침입, 독성의 침투를 막아준다.

[　　　　] 은(는) 피부장벽을 구성하는데 중요한 성분으로 각질층 지질구성의 50% 이상을 차지한다. 친수성기와 친유성기를 동시에 가지고 있기 때문에 피부 속 수분증발을 억제함과 동시에 수분을 함유하는 역할을 한다. 또한 외부 이물질로부터의 침투를 저지하고 상처 입은 피부장벽을 빠르게 복원한다.

은(는) 화장품에 여러 형태와 용도로 사용되는 광범위한 유기복합물질이다. 휘발성이 있어 피부에 청량감과 가벼운 수렴효과를 줌과 동시에 살균, 소독 작용을 한다.

은(는) 화장품의 세균과 곰팡이 서식을 억제하는 방부제 역할을 한다. 그러나 기미 주름을 생성되며 피부노화를 나타나게 하기 때문에 최근에는 메이크업 제품에 성분을 첨가하지 않는 추세이다.

은(는) 보습제에 많이 사용되며 아미노산, 비타민, 효소 및 다양한 미네랄이 풍부하여 진정효과가 크다.

은(는) 국화과 허브식물인 천연 원료로 피부보습 및 살균, 소독에 효과적며 피부 진정효과가 크다. 화장품에서는 오일류로 많이 사용되고 있다.

은(는) 아프리카 카리테 나무에서 추출한 저온 압착 방식을 이용해 만든 오일이다. 피부로부터 수분이 상실되는 것을 막아주는 역할을 하며 피부침투력이 강해 보습력이 크고 동물성 오일보다 부작용과 자극이 덜하다.

은(는) 아채에서 추출되는 성분으로 강력한 습윤효과와 보습성분을 가졌다. 피부에 자극이 적으며 진정효과도 함께 가지고 있다.

POINT MEMO!

(3) 화장품 용어의 적용

리퀴드	모이스처라이징	오일-프리
워터프르프	오 떼르말	포어 타이트닝
디톡스	리프팅/퍼밍	롱레스팅

(4) 화장품 성분의 적용

알파 하이트록시산	베타 하이트록시산	레티노이드
항산화제	히알루론산	세라마이드
에타놀	파라벤	알로에
카모마일	시어버터	글리세린

(5) 자외선과 피부의 이해

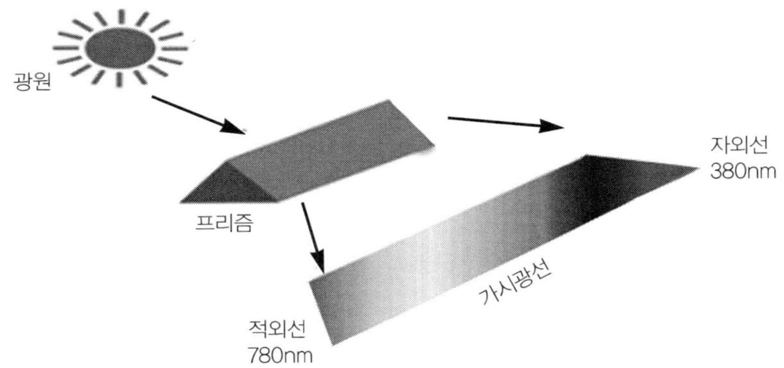

UVA(320-400nm)	UVB(280-320nm)	UVC(200-280nm)

SPF	PA
산란제(선블록)	흡수제(선스크린)

Part 3. Make up을 위한 준비

01 눈썹정리

완벽한 메이크업을 위해서는 얼굴형에 맞는 눈썹을 정리하여야 합니다. 눈썹정리에 활용되는 도구와 눈썹 정리의 방법을 학습해 봅시다.

Before	After
IMAGE	IMAGE
목표 눈썹모양	
눈썹 정리 순서 정리하기 (도구 및 방법)	

02 클렌징제품의 종류

클렌징제품의 종류와 제품별 특징을 이해해보자.

종류	적합한 피부타입	특징
클렌징 크림	건성	로션타입보다 유분함유량이 많아 촉촉하며 리치한 질감이다. 물이 닿으면 하얀거품으로 변화는 유화현상이 일어나는 오일류와는 다르게 크림성분의 유분은 물에 녹지않아 2차 세안인 폼 단계를 거쳐야 하는 불편함이 있다.
클렌징 워터	지성, 여드름피부	순하고 산뜻한 사용감이 특징이며 물로 따로 씻을 필요 없이 솜에 묻혀 닦아내면되기 때문에 빠르고 간편한 세안이 가능하다.
클렌징 티슈	민감성 제외	시트(티슈)에 클렌징제품을 적셔놓은 형태로 색조화장 및 포인트 화장을 간편하게 지우는 것이 특징이며 휴대가 용이하다.클렌징 워터와는 다르게 2차로 물세안, 또는 거품세안을 해야하는 불편함이 있다. 클렌징 시 티슈와의 마찰력으로 인해 피부외벽의 손상을 유발할 수 있다.
클렌징 오일	건성, 악건성	오일성분에 함유된 유연화 및 분해의 작용으로 블랙헤드와 오래된 각질의 탈락을 유도하여 딥클렌징의 효과가 있다. 물에 닿으면 하얗게 변화하는 유화현상으로 인해 따로 2차 세안을 하지 않아도 되며 동시에 촉촉한 마무리감이 특징이다.
클렌징 젤	지성, 여드름 피부	수분함유량은 많지만 유분함유량이 적어 지성피부 및 여드름피부에 적합하다.
클렌징 로션 (밀크)	민감성, 건성	친수성의 부드러운 질감이며 민감성 피부, 노화성 피부, 건성피부 등 자극을 주지 않아야하는 피부에 적합하다.

종류	적합한 피부타입	특징
클렌징 파우더	지성, 복합성	기름기, 단백질 성분을 분해하는 효소가 포함되어 있어 유분이 많은 피부에 적합하나 알카리성이 고체화된 형태로 잘 녹여 사용하는 것이 중요하다. 한번의 세안으로 1,2차 클렌징의 효과를 볼 수 있다.
클렌징 솝	지성, 복합성	팥, 녹두, 숯 등의 천연성분을 함께 배합하여 만들어지기도하며 폼 클렌징보다는 다소 강한 알칼리성을 띠어 유분제거에는 용이하지만 수분의 손실도 그만큼 크다.
클렌징 폼	지성, 복합성	클렌징의 마무리나 이중 세안 시 2차로 사용되며 개운한 마무리감이 특징이다. 거품을 생성하는 계면활성제로 인해 물에 충분히 게어서 거품을 많이 만들어낸 후 사용해야 피부에 자극이 없다.
클렌징 폼	건성, 악건성	4세대 클렌징이라 불리며 오일을 고체화 한 제형으로 클렌징 시 흐르는 것을 방지한 간편한 사용감이 특징이다. 오일보다 리치한 사용감으로 피부가 촉촉하게 마무리 된다.

03 재료 Setting

재료의 setting을 위해서 재료의 이해가 중요하다. 재료 정리를 해보자.

(1) 제품의 이해

소장제품의 종류와 제품의 제형 등의 특징을 정래해 보자.

제품 종류	제품의 특징	비고
파운데이션	리퀴드, 크림, 스틱, 케익	
메이크업 베이스	보정	
파우더	루즈, 프레스트, 투웨이	
아이섀도 팔레트	총　색	
블러셔팔레트	총　색	
립 팔레트	총　색	
컨실러	스틱, 액상, 밤타입	
마스카라	볼륨, 롱래쉬, 기타	
아이라이너	펜슬, 리퀴드, 젤, 케익, 붓펜	

소장도구의 종류와 도구의 특징을 정래해 보자.

제품 종류	제품의 특징및 관리
뷰러	
스펀지	
속눈썹	
트위져	
눈썹정리칼	

(2) 제품 테이블 세팅

메이크업의 시술을 위해서 다양한 메이크업 제품을 사용목적과 사용빈도에 맞추어 정리하여야 합니다. Setting의 법칙은 없으나 메이크업 아티스트의 사용의 편리성을 고려하여 메이크업 제품을 편리하게 setting해 봅시다.

Before	After
IMAGE	IMAGE

체크리스트

- □ 수건(깔개)은 청결한가?
- □ 화장솜 화장지, 면봉은 준비되어 있는가?
- □ 메이크업 툴은 정돈이 되어있는가?
- □ 메이크업 툴은 청결한가?
- □ (섀도)제품은 사용하기 편리하게 열려있는가?
- □ 제품의 상태(청결, 유통기한)는 양호한가?
- □ 시술자가 자주 사용하는 제품은 앞에 있는가?
- □ 시술자의 손과 복장은 청결한가?

잠깐! 알아둡시다.

기초 제품류 : 첫단계 스킨정리 후 거의 사용을 안함으로 뒤로

베이스 & 파운데이션 : 사용 빈도에 따라 뒤로

브러시 : 사용하기 편리하게 쉽게 손 닿는쪽~, 오른손잡이는 오른쪽으로

색조 : 중앙에 배치

Part 4. 베이스 메이크업

01 Make up base의 역할

02 Make up base의활용

03 파운데이션의 역할

04 파운데이션 조색하기

05 파운데이션 피부표현

06 파우더의 역할

01 Make up base의 역할

기초제품으로 피부를 정돈하였다면 완벽한 메이크업의 표현을 위해 메이크업 베이스가 필요하다.
메이크업 베이스의 기능에 대해 알아보자 .

(1) 메이크업 베이스의 기능

피부보호	안색개선	화장지속	다양한 피부질감표현

언더베이스	프라이머,볼류머베이스, 무스베이스
컨트롤 컬러 베이스	펄베이스, BB크림, CC크림

잠깐! 알아둡시다.

Base Make up은 제2의 피부입니다.
Base Make up : 바탕 메이크업, 즉 피부색을 표현하는 메이크업이라는 뜻

최근 메이크업의 트렌드는 웰빙(well-bing), 내추럴리즘(naturalism)등으로 자연스러운 표현이 중요해졌습니다. 이러한 변화로 인해 메이크업 베이스의 경향이 자연스럽고 건강한 피부표현으로 맞춰지고 있습니다.

02 Make up base의 활용

(1) 피부타입에 따른 활용

피부타입에 따른 베이스의 다양한 제형을 적용해 봅시다.

리퀴드 타입
밤 타입
파우더 타입
펄 타입

건성
잡티

지성
붉은기
많음

프라이머
볼류머
무스베이스
펄베이스
색조베이스
BB크림

(2) 피부톤과 컬러베이스 이해

피부톤에 따라 컬러베이스를 적용하여 피부톤을 교정할 수 있다. 피부에 적당한 색의 베이스를 연결해 봅시다.

초록
보라
핑크

붉은 여드름
노란 칙칙피부
태닝피부
납작평면얼굴
하얀 무혈색 피부
피부톤 불균형

노랑
오렌지
펄

(3) 컬러베이스 적용

피부톤은 혈행과 굴곡, 건강 상태에 따라 다양한 색으로 나타나기도 합니다. 이러한 피부의 톤을 일정하게 맞추어 메이크업의 기초공사를 해야 합니다.

모델의 피부톤을 분석하여 봅시다.

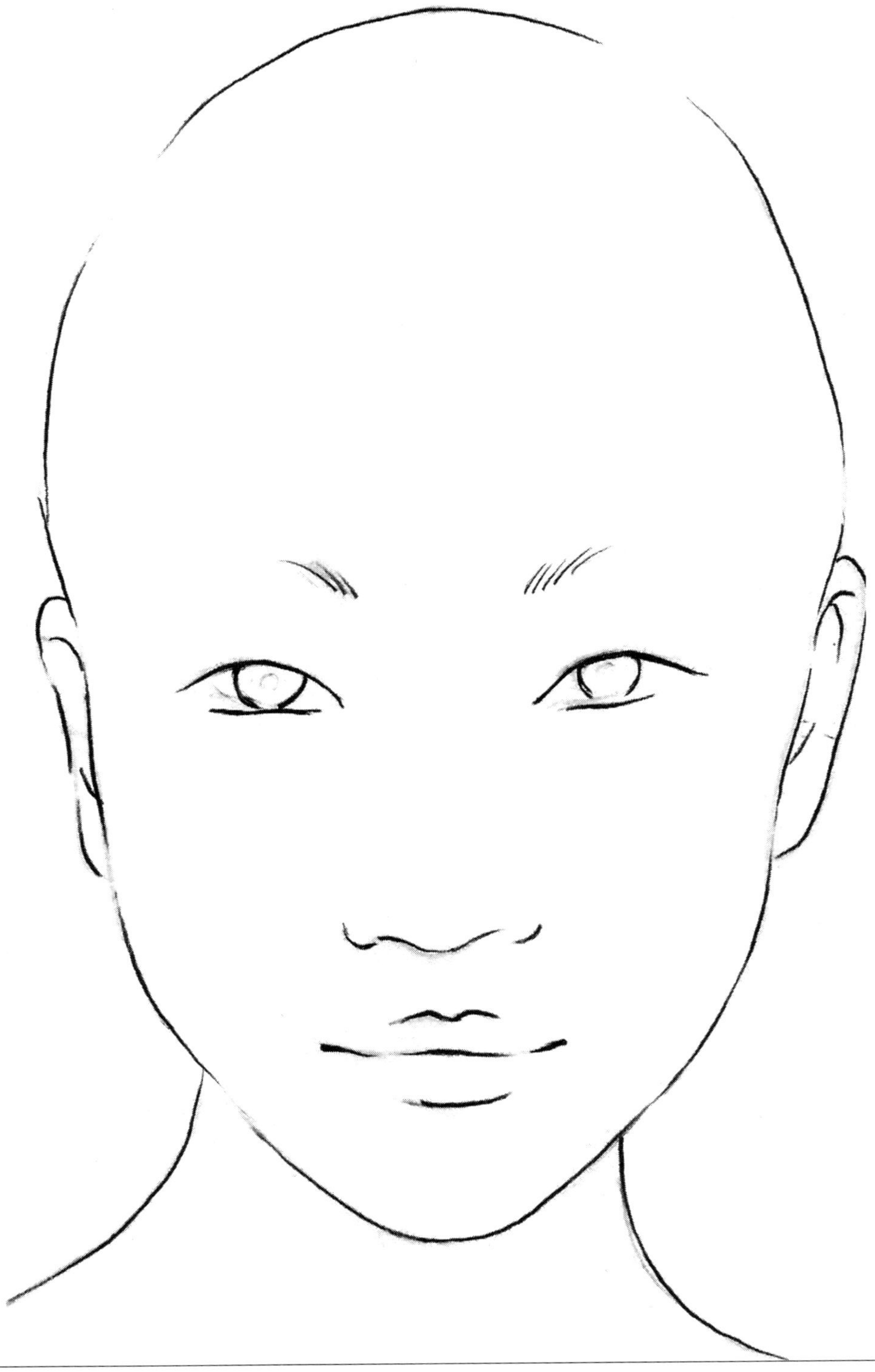

모델명:

(4) 피부결 정리하기

베이스의 적용 후 피부결 정리 없이 파운데이션을 적용하게 되면 들뜨거나 겉도는 느낌이 나오게 됩니다.
베이스후 피부결을 정리해 봅시다

아이브로우

피부결(두드리기)

피부결(담기)

입술

Before	부위	After
IMAGE	눈썹	IMAGE
IMAGE	입술 피부	IMAGE

03 Foundation의 역할

(1) 파운데이션의 기능

(2) 파운데이션의 종류

컨실러	파우더 파운데이션	틴티드 모이스처	틴티드 페이스 밤
리퀴드 파운데이션	크림 파운데이션	투웨이 케익	스틱 파운데이션

제품명	특징	제품명	특징
	지성피부 적합, 메이크업 시간단축, 커버력 약함		중 건성 피부적합 투명피부표현
	피지흡수력 탁월, 건성피부에도 적합, 자외선차단		O/W 건성적합 자연스러운 피부연출
	보습효과, 오일리 함, 윤기나는 피부표현 커버력, 지속력 우수		W/O 물과 땀에 강함 건성에 적합
	부분 결점에 소량 사용, 펜슬, 리퀴드 등 다양한 제형활용		고체형태, 오일성분 다량함유, 커버력우수, 분장용

04 Foundation 조색하기

(1) 파운데이션의 컬러칩 만들기

자신의 파운데이션의 종류와 표현색을 확인해 봅시다.

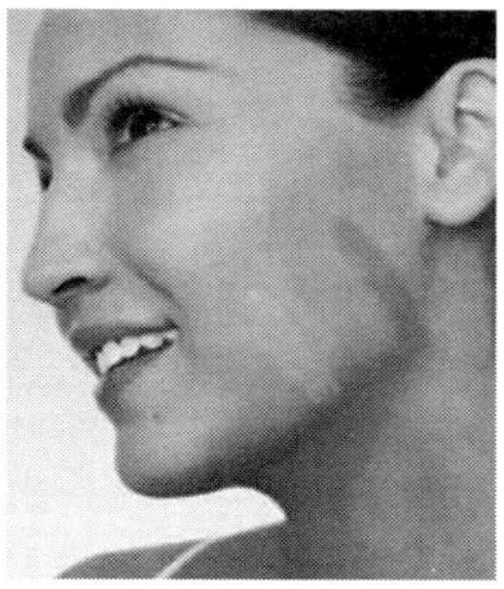

구분	색확인				
제품번호					
제품제형					
제품색					

파운데이션의 톤의 순서에 따라 색상을 나열해 보세요.

구분	밝은 톤 ⟷ 어두운 톤					
제품번호						
제품색						

파운데이션을 혼합하여 색상을 세분화 해 보세요.

구분	밝은 톤 ⟷ 어두운 톤											
제품혼합 비율												
컬러칩												

(2) 파운데이션의 컬러칩 적용

파운데이션을 컬러칩을 모델의 얼굴에 적용해 봅시다.

칼라칩 비교	파운데이션 조색
IMAGE	IMAGE
파운데이션 적용	
Before	After
IMAGE	IMAGE

잠깐! 알아둡시다.

많은 메이크업 제품들이 넘쳐나고 있습니다. 우연하게 만난 좋은 제품의 재구매를 위해서는 제품의 정확한 제조회사와 제품명 제품번호 등의 표기를 확인 할 수 있어야 합니다. 지금 파우치를 열고 사용하고 있는 제품들을 분석해봅시다.

연번	분 류	제조회사	제품명	제품번호
1				
2				
3				
4				
5				
6				
7				
8				
9				
10				

05 Foundation 피부표현

(1) 매트(Matt) 메이크업

Matt의 사전적 정의 : 무광(無光)의 윤, 광이 안 나는

정의 : 오일리함이나 펄감이 가미되지 않은 보송보송한 질감의 피부표현법

Skincare	스킨정리 밀키한 질감의 로션으로 피부결 정리
Base M/U	메이크업 베이스(색조 베이스)로 피부톤 보정 컨실러 : 파운데이션 = 1 : 2 아이컨실러 면퍼프 이용하여 메이크업 고정 포레스트 하이라이트
Lip M/U	펄감이 있는 촉촉한 립글로스

인터넷 자료를 통해 매트(Matt) 메이크업의 이미지를 찾아보자.

자료출처(   )

(2) 광(光) 메이크업

물광	꿀광
윤광	결광

정의: 화장품, 또는 그 외의 메이크업 제품을 이용하여 피부가 맑고 투명해 보이는 동시에 피부속에서 수분이 차올라 보이는 것과 같은 효과를 연출하는 메이크업

Skincare	페이스 오일 : 수분크림 = 1 : 2 프라이머 이용하여 피부 요철 잡아주기
Base M/U	펄 베이스 : 파운데이션 = 1 : 2 잡티, 다크서클 커버하기 메이크업 교정하기 1. 브러시 이용하여 파우더하기 메이크업 교정하기 2. 픽서
Lip M/U	펄감이 없는 실키한 질감의 입술 완성하기

인터넷 자료를 통해 광(光)메이크업의 이미지를 찾아보자.

자료출처(   )

잠깐! 살아둡시다.

메이크업 프로와 아마추어의 차이 1.

한번에 쓰는 양이 적다 VS 한번에 쓰는 양이 많다

최상의 피부메이크업

메이크업 프로와 아마추어의 차이 2.

섞어 쓴다 VS 하나만 쓴다

최상의 피부메이크업

메이크업 프로와 아마추어의 차이 3.

제품을 멀티로 활용 VS 매뉴얼대로만 쓴다

최상의 피부메이크업

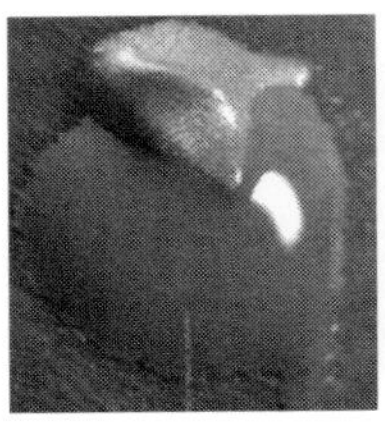
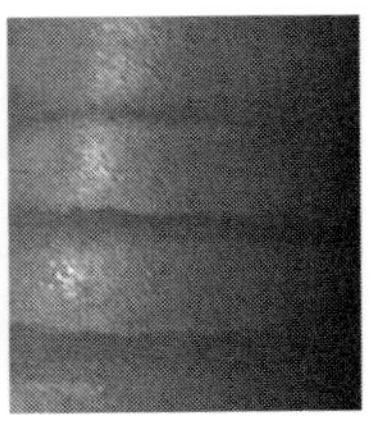

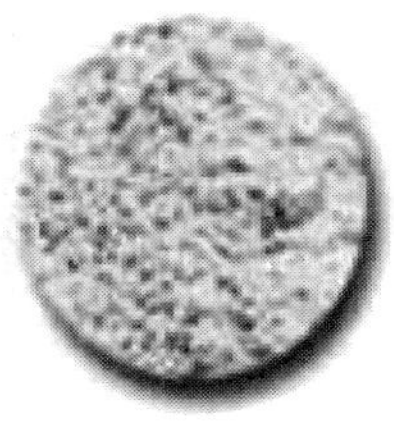

(3) 윤곽수정 메이크업

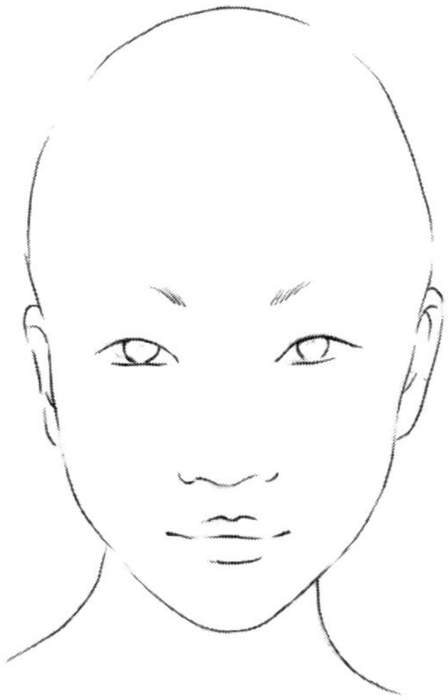

카논(Cannon)법

인체의 여러가지 비율과 치수를 결정해서 상호관련 시키는 법칙 또는 체계
두부의 세로길이를 6.5등분
두부의 가로길이를 5등분

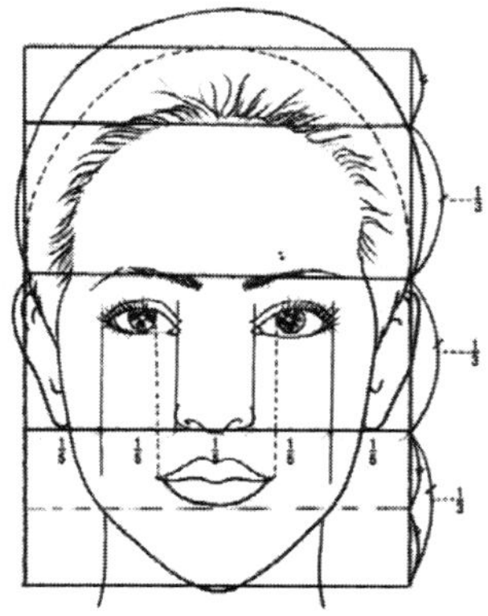

(4) 얼굴형태별 윤곽수정

① 둥근형

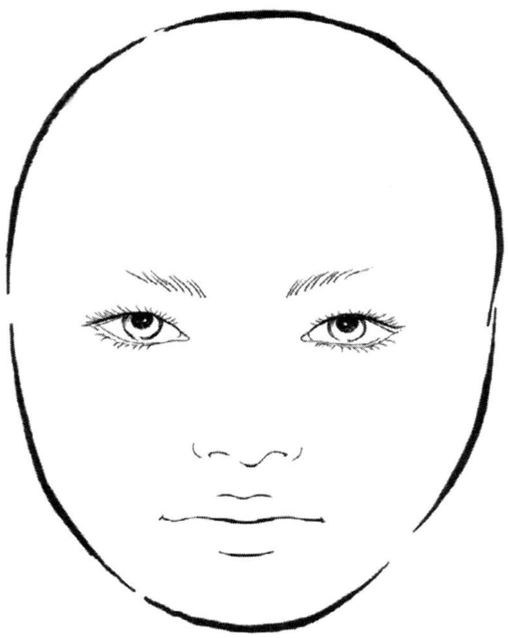

POINT MEMO!

② 긴형

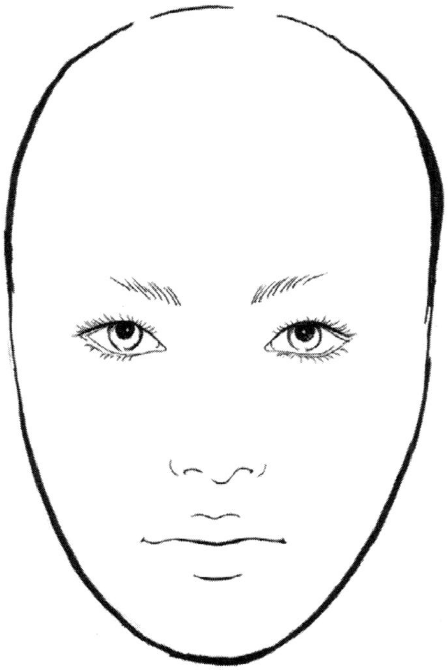

POINT MEMO!

③ 사각형

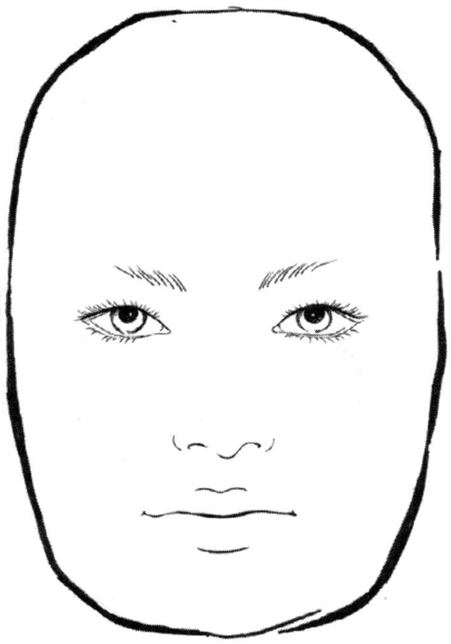

POINT MEMO!

④ 역삼각형

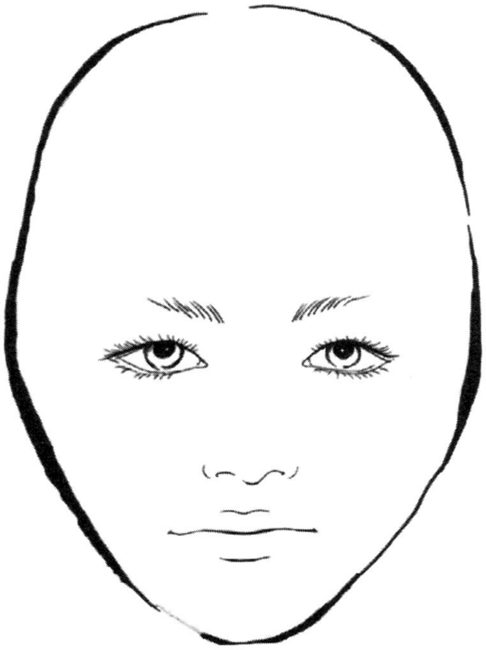

POINT MEMO!

⑤ 다이아몬드형

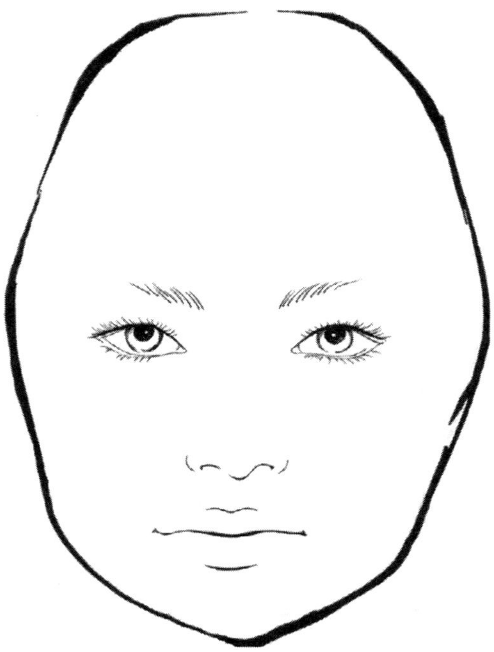

POINT MEMO!

완벽한 윤곽수정을 위해서 모델 얼굴의 정면 사진을 카논법에 대입하여 분할한 뒤 수정할 부위를 계획해봅시다.

수정부위 계획

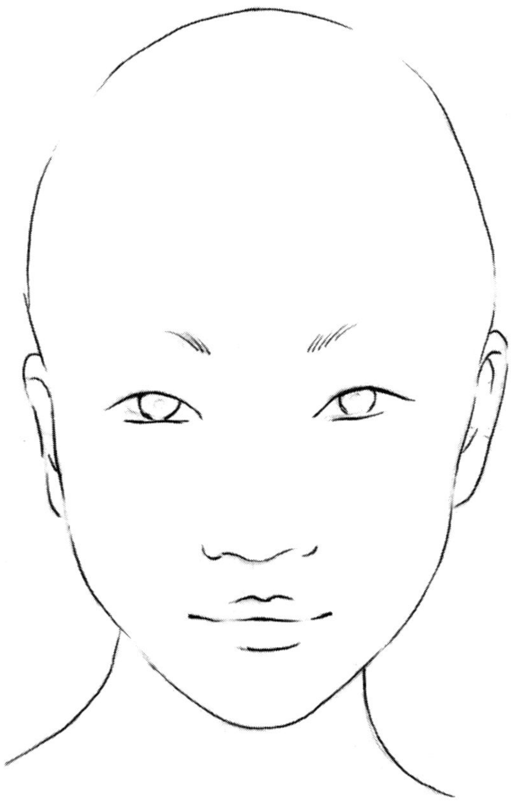

모델명:

실습사진

06 파우더의 역할

(1) 파우더의 기능

뽀송한 마무리	파운데이션 고정	자외선 차단

(2) 파우더의 종류

Loose powder	Pearl powder	Pressed powder

	⇨	• 입자가 섬세하며 고르고 얇게 발림 • 색상이 다양하며 조색하여 쓸수 있음 • 휴대하기는 불편함
	⇨	• 커버력과 흡착력 뛰어남 • 휴대하기 쉬움 • 다소 두꺼운 피부표현
	⇨	• 윤기나는 피부질감에 적합 • 단품으로 사용시 피부표현이 인위적인 수 있음 • 하이라이터로 사용 가능

Part 5. 아이브로우 메이크업

01 Eyebrow 목적

02 Eyebrow 종류

03 Eyebrow 형태

04 Eyebrow적용

01 Eyebrow 목적

(1) 아이브로우 메이크업의 목적

- 얼굴의 인상과 이미지 변화
- 얼굴의 균형
- 얼굴형, 눈매 보완

(2) 아이브로우 색상별 이미지

구분	색상	이미지	사 진 자 료
Black		강하며 우직한 느낌 또렷한 인상 깨끗한 느낌(흰피부)	자료출처 ( )
Gray		침착한 차분한 느낌 무난한 어울림(흑발)	자료출처 ( )
Brown & Yellow		세련됨 자연스러움 약함, 여성스러움	자료출처 ( )
Red & Wine		트렌디함 세련됨	자료출처 ( )

02 Eyebrow 종류

아이브로우의 제품별 특징에 대해 이해하고 제품별 제형을 테스트해 보자.

종류	특징	이미지	제품테스트
펜슬타입	유분기가 적어 뭉침 없음 섬세한 부분까지 표현 가능 깍아서 사용해야하는 번거 로움		
샤프타입	펜슬보다 유분 함유량이 높음 약간의 뭉침이 있음 크리미하여 발색이 좋고 부드러움		
섀도타입	자극 없이 자연스럽게 표현 다양한 색상 연출 가능 시간이 지남에 따라 지속력 떨어짐		
리퀴드 타입	선명한 발색력 땀이나 유분에 강함 사용이 어렵고 전용브러시 필요		
젤 타입	리퀴드타입의 고체화 형태 선명한 발색력 땀이나 유분에 강해 지속력 우수		
픽스 타입	눈썹색상의 일시적 변형 눈썹의 결을 정돈		

03 Eyebrow 의 형태

아이브로우 형태별 이미지를 인터넷 자료에서 찾아 보고 자료의 출처를 명시하세요. 또 각각의 형태가 주는 이미지를 적어보세요.

표준형	그려보기

※ 인터넷 자료를 통해 표준형 아이브로우 메이크업의 이미지를 찾아보자.

자료출처 (   )

일자형	그려보기

※ 인터넷 자료를 통해 일자형 아이브로우 메이크업의 이미지를 찾아보자.

자료출처 (　　　　　　　　　　　　)

아이브러시 형태에 따라 이미지가 달라집니다. 찾아온 메이크업 이미지 사진을 참고하여 표준형의 이미지와 일자형의 이미지를 적어보세요.

POINT MEMO!

표준형	
일자형	

상승형	그려보기

※ 인터넷 자료를 통해 상승형 아이브로우 메이크업의 이미지를 찾아보자.

자료출처 (   )

아치형	그려보기

※ 인터넷 자료를 통해 아치형 아이브로우 메이크업의 이미지를 찾아보자.

자료출처 (   )

아이브러시 형태에 따라 이미지가 달라집니다. 찾아온 메이크업 이미지 사진을 참고하여 상승형의 이미지와 아치형의 이미지를 적어보세요.

POINT MEMO!

상승형	
아치형	

각진형	그려보기

※ 인터넷 자료를 통해 각진형 아이브로우 메이크업의 이미지를 찾아보자.

자료출처 (   )

아이브러시 형태에 따라 이미지가 달라집니다. 찾아온 메이크업 이미지 사진을 참고하여 각진형의 이미지를 적어보세요.

POINT MEMO!

각진형	

04 Eyebrow의 적용

(1)연필그리기 연습

■ 명도 10단계

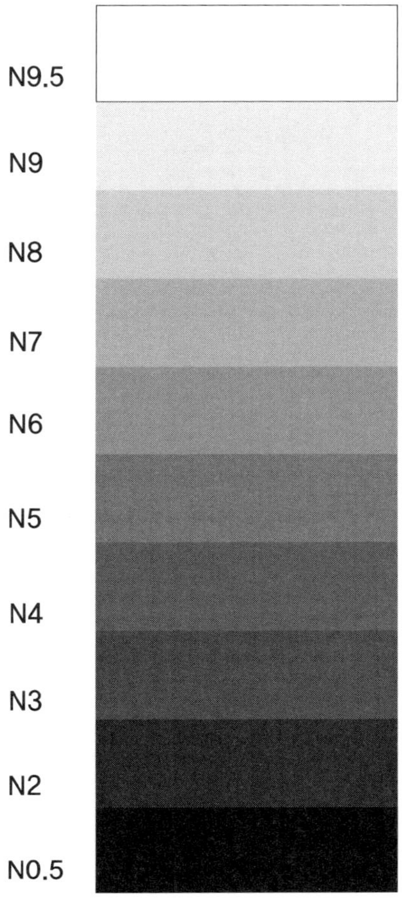

■ 명도 6단계 연습

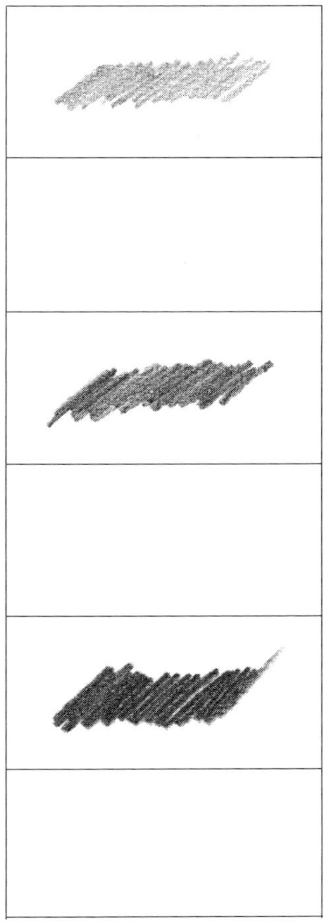

※ 아이브로우 털이 난 모양을 생각하면 연필에 강약을 주어 모질연습을 해보자.

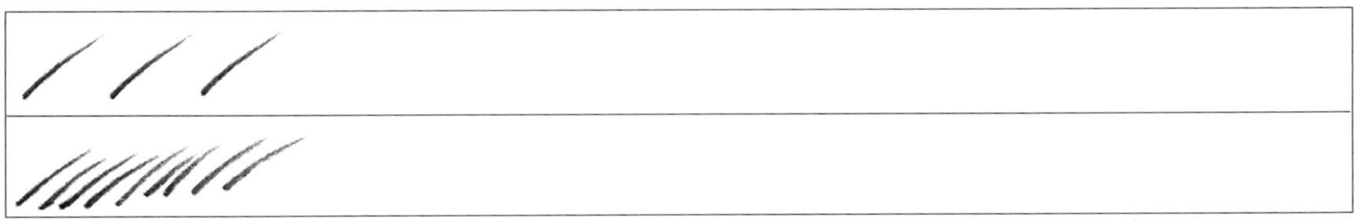

※ 아이브로우 눈썹 모질의 방향에 맞춰서 연필의 농도를 다르게 하여 그려보자.

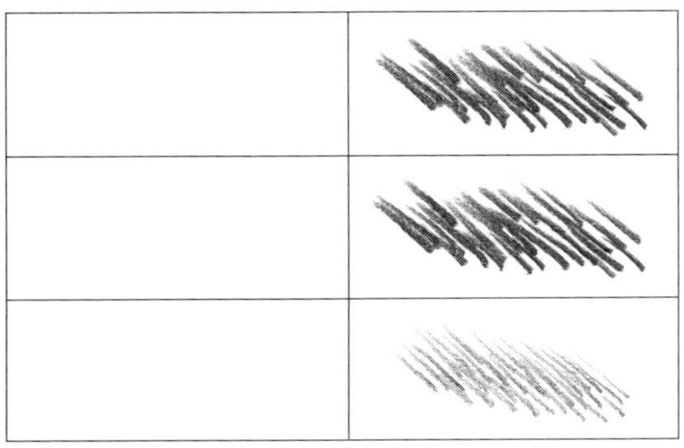

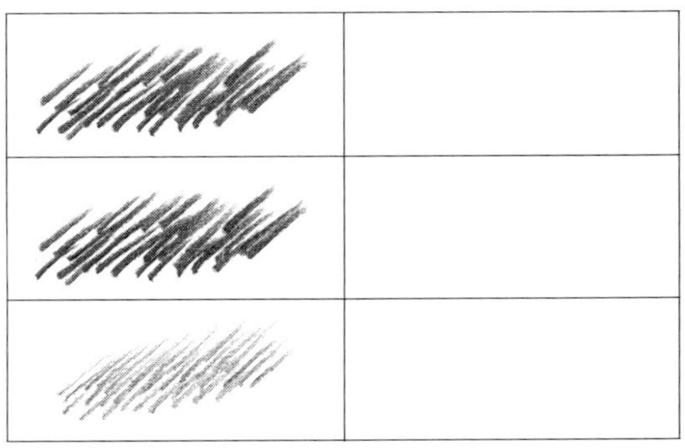

(2) 아이브로우 그리기

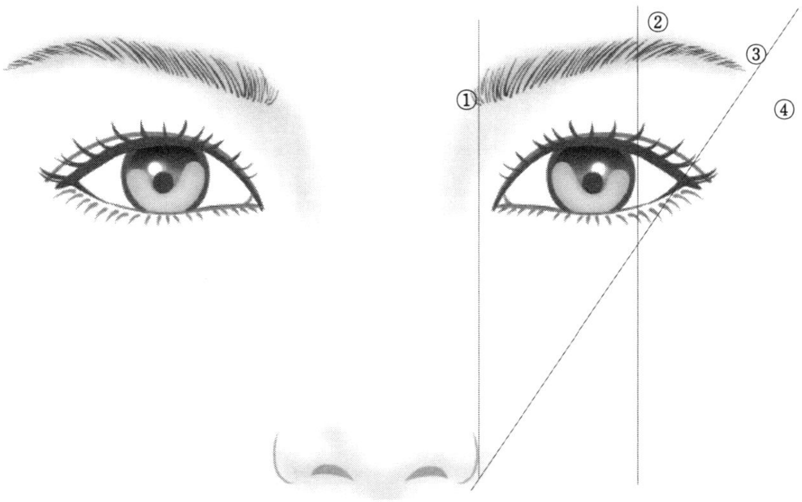

가장 이상적인 눈썹 길이는 코볼 끝과 눈썹 꼬리 끝점을 사선으로 이어준 선이다.

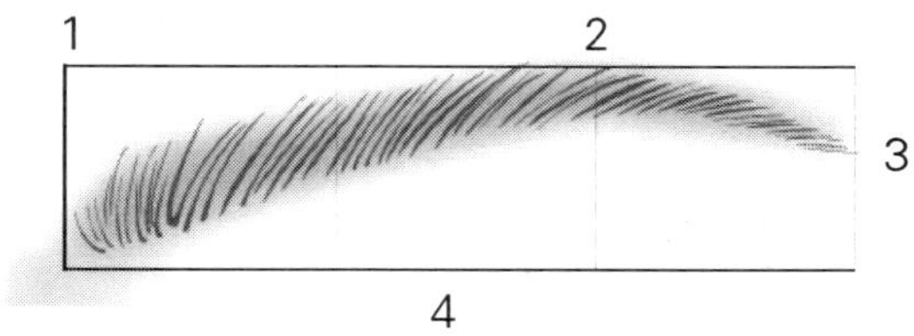

1. **눈썹 앞머리:** 콧망울 지점을 수직으로 올려 만나지는 곳에 위치하도록 한다.
2. **눈썹산:** 위치는 눈썹 길이를 3등분했을 경우 2/3지점에 위치한다.
3. **눈썹꼬리 길이:** 콧 망울과 눈 꼬리를 45° 의 각도로 연결해 연장했을 때 만나지는 지점에 위치
4. **눈썹길이:** 눈 길이보다 짧지 않게 그린다.

눈썹정리 → 섀도로 윤곽잡기 → 펜슬로 빈부분 채우기 → 결 정리하기

1. 아이브로우 결 정리
2. 컨실러를 이용하여 가이드라인 잡기
3. 컨실러로칠한 부분을 눈썹칼로 밀어주기
4. 아이브로우 기장 커팅
5. 앞머리부터 눈썹 산까지 채워주기
6. 결이 흐르는 방향대로 나머지 끝부분 채워주기
7. 펜슬을 이용하여 사이사이 빈 부분 메우기
8. 아이브로우 픽스를 이용하여 결 정리

(3) 아이브로우 그리기 연습

■ 표준형

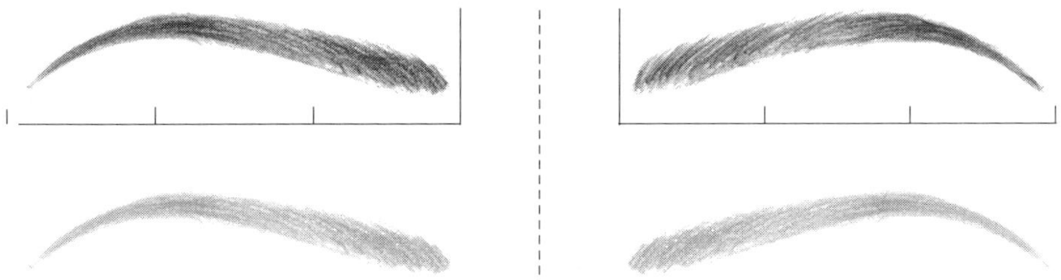

■ 일자형

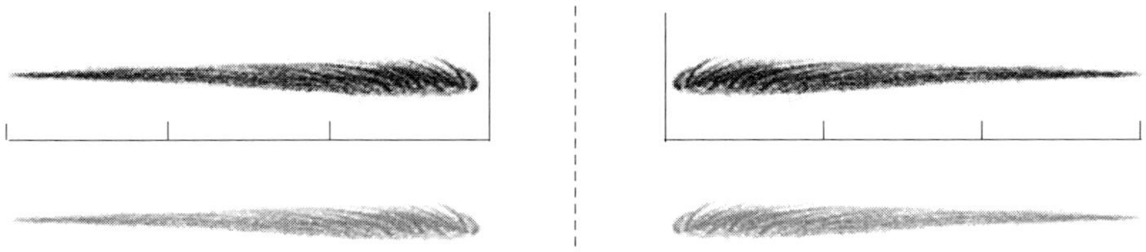

■ 아치형

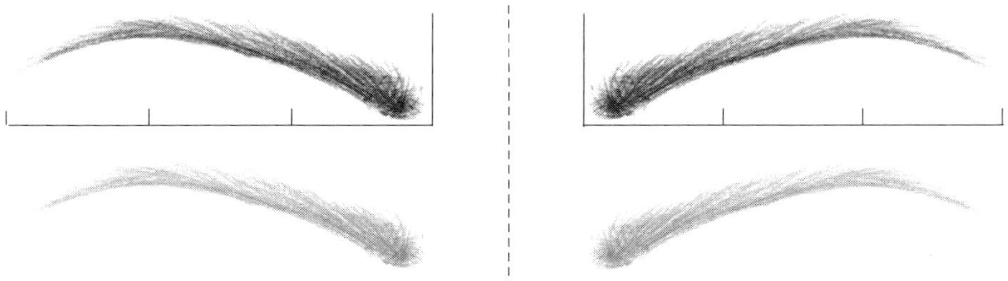

■ 상승형

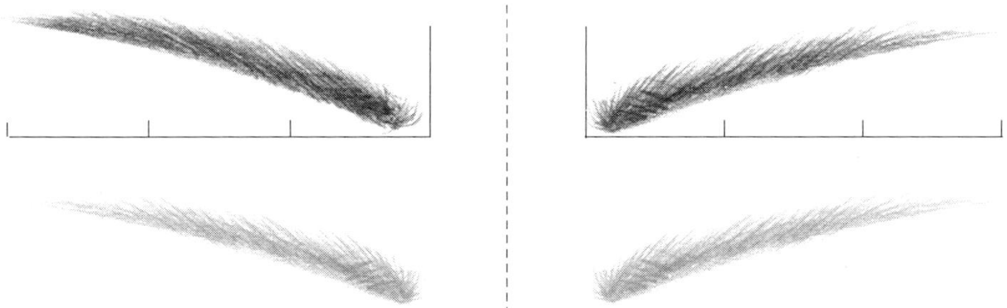

잠깐! 알아둡시다.

♬ 눈썹산의 위치는 아이브로우 길이의 중앙보다 안쪽에 만들지 않습니다.

♬ 아이브로우의 꼬리를 앞머리 보다 밑으로 쳐지지 않게 그립니다.

♬ 아이브로우의 색은 헤어컬러와 유사한 색으로 표현합니다.

♬ 아이브로우의 길이가 눈의 길이보다 짧아지지 않도록 합니다.

■ 각진형

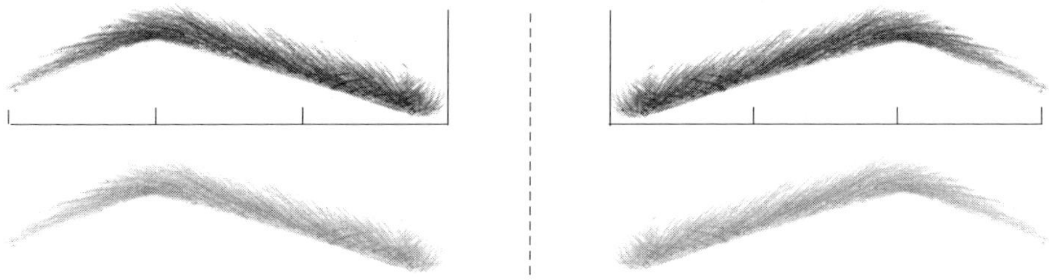

(4) 아이브로우 적용하기

① 모델 분석하기

모델분석	내 용
얼굴형	
모델 이미지	
아이 브로우 형태	
아이 브로우 색	
수정계획	

② 아이 브로우 적용하기

■ 목표 눈썹모양

■ 눈썹 정리 설명하기 (도구 및 방법)

before IMAGE	after IMAGE

Part 6. 아이 메이크업

01 Eye shadow

02 Eye liner

03 Mascara

04 False Eyelashes

01 Eye shadow

(1) 아이섀도의 목적

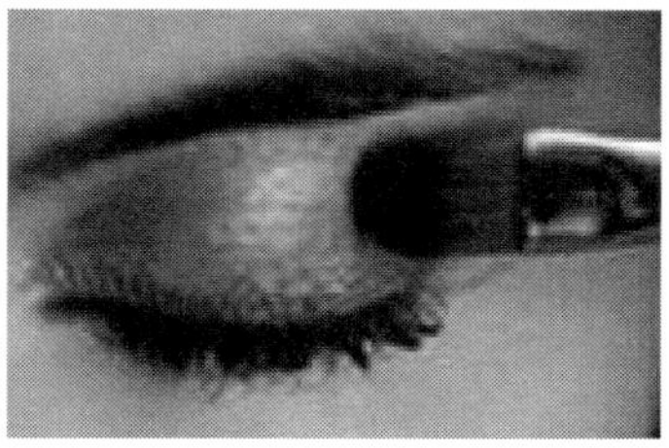

- 눈의 색감과 음영을 주어 눈매 수정 및 보완
- 자유로운 색의 조화로 다양한 분위기 연출

(2) 아이섀도 컬러이미지

색의 종류	컬러 테스트			효과
Peach tone				화사함 친근함 자연스러움
Brown tone				무난함 차분함 성숙함 지적인 느낌
Blue tone				화려함 눈매 크고 시원해보임
Gray tone				도시적 세련미 차가움 모던
Purple tone				화사함 고급스러움 우아함 요염함

(3) 아이섀도의 종류

아이섀도의 재품은 제형과 혼합물의 특징에 따라 다양한 표현이 가능합니다.
다양한 아이섀도의 종류를 공부하고 테스트해봅시다.

① Matt type

특징	제품 테스트
• 수분과 펄감이 전혀없어 광택이 없음 • 아이포인트, 아이브로우에 적합 • 색상선택의 폭이 다양 • 건조해 보일 수 있는 단점	

※ 인터넷 자료를 통해 **매트** 아이섀도 메이크업의 이미지를 찾아보자.

자료출처 (   )

② Sheer, Shimmer type

특징	제품 테스트
• Sheer란 펄감이 굉장히 은은한 텍스처 • Shimmer란 입자가 미세한 펄로만 이루어진 질감 • 펄의 입자가 고와 윤기가 나는 텍스처 만들때 좋다. • 건조해 보일 수 있는 단점	

※ 인터넷 자료를 통해 **시머** 아이섀도 메이크업의 이미지를 찾아보자.

자료출처 (   )

③ Glitter type

특징	제품 테스트
• 입자가 크고 화려하여 파티룩 정도에 많이 쓰임 • 다른 텍스처(매트, 시머, 크리미) 등과 믹스하여 다양한 질감 연출가능	

※ 인터넷 자료를 통해 **글리터** 아이섀도 메이크업의 이미지를 찾아보자.

자료출처 (   )

④ Cream type

특징	제품 테스트
• 펄 입자와 함께 오일리한 느낌의 윤기 • 가루날림이 없고 촉촉한 텍스처 • 크리즈 현상이 단점	

※ 인터넷 자료를 통해 **크림** 아이섀도 메이크업의 이미지를 찾아보자.

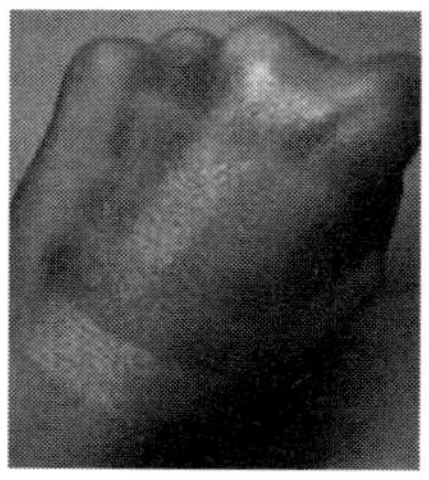

자료출처 (   )

(4) 부분별 아이섀도의 명칭

섀도의 명칭과 섹션, 그리고 사용순서를 익히기 위해 해당 이미지에 부분별 명칭을 표시하고 아이섀도의 사용순서를 보기에서 참조하여 나열하세요.

보기

Highlight color　Point color　Main color　Under color　Base color

(5) 아이섀도의 표현기법

구분	형태	이미지 찾아보기
홀	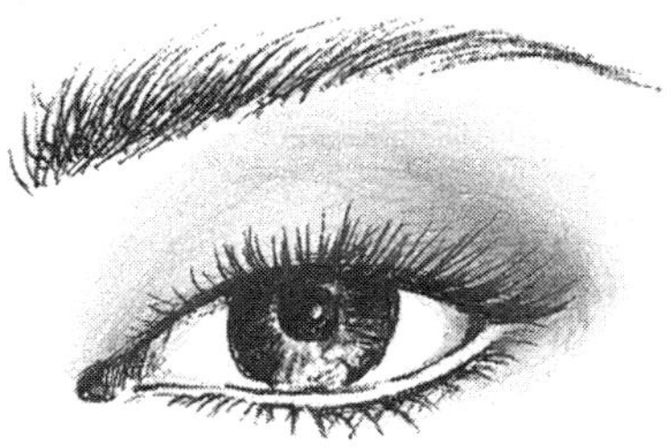	자료출처 ( )
가로	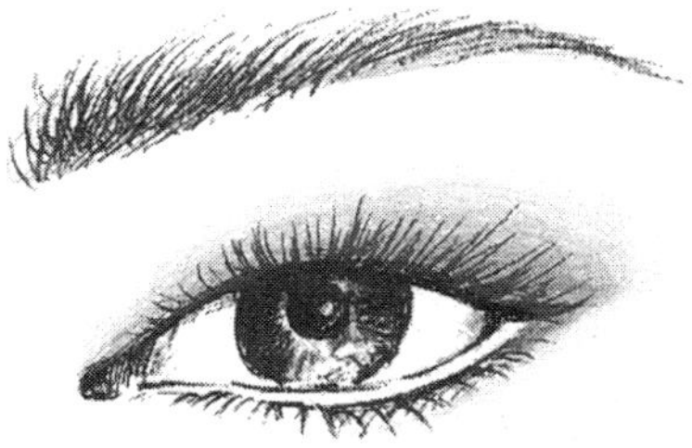	자료출처 ( )
세로	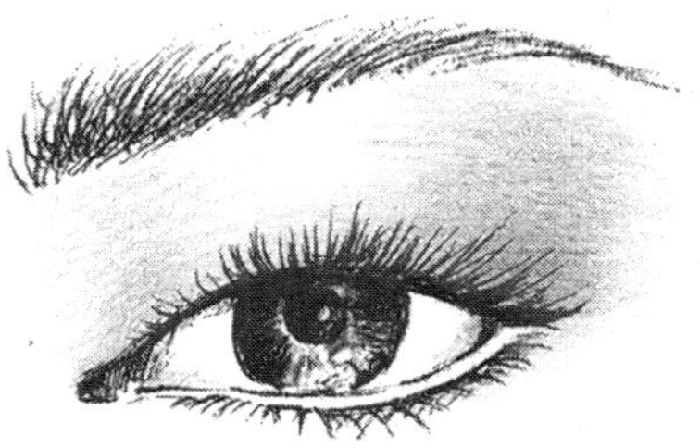	자료출처 ( )

(6) 아이섀도의 그러데이션 연습

그러데이션	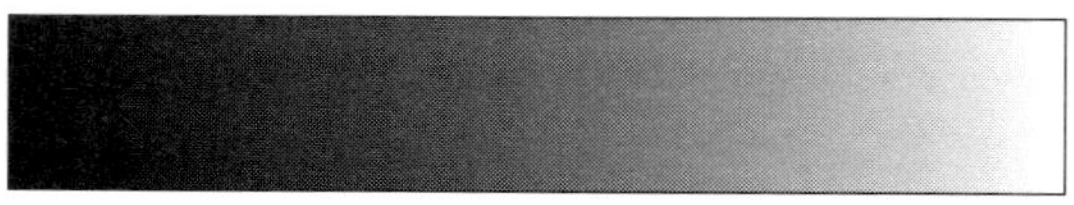
Red/ Pink	
Brown	
Blue	

(6) 아이섀도의 연습

① 홀 패턴 연습하기

② 가로 패턴 연습하기

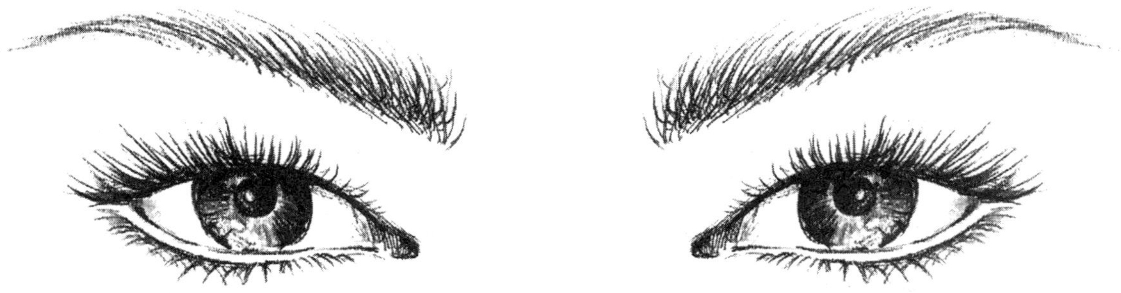

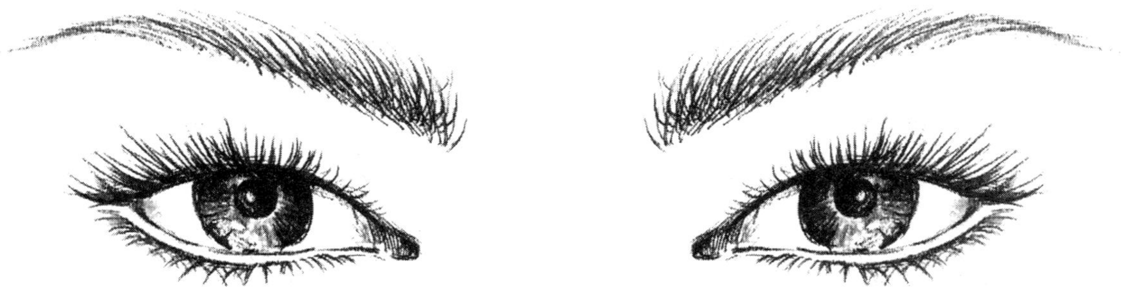

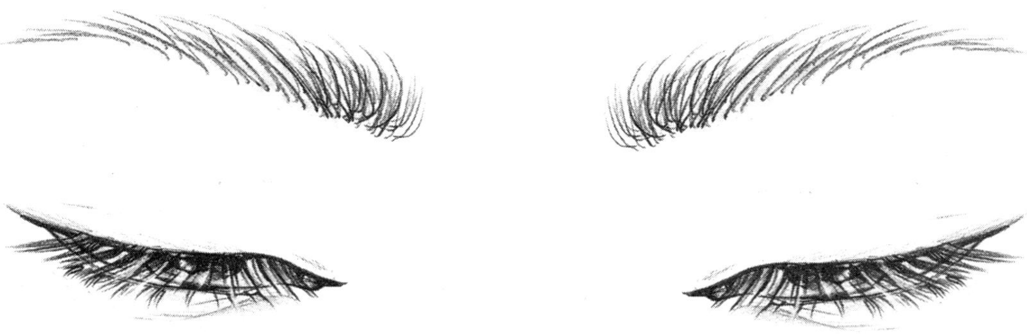

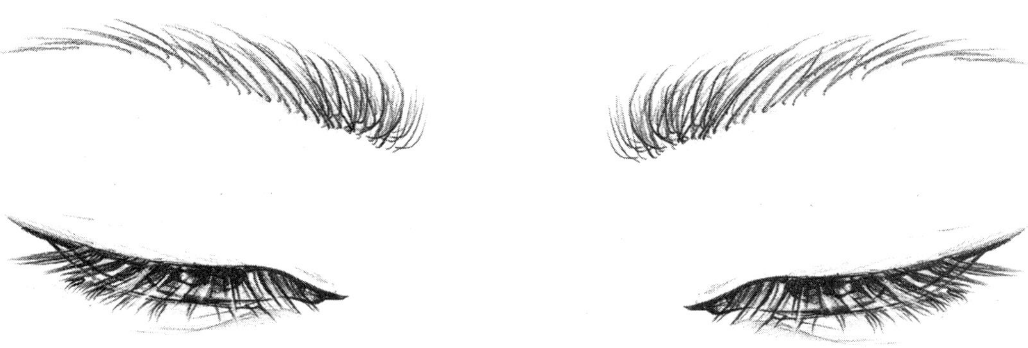

③ 세로 패턴 연습하기

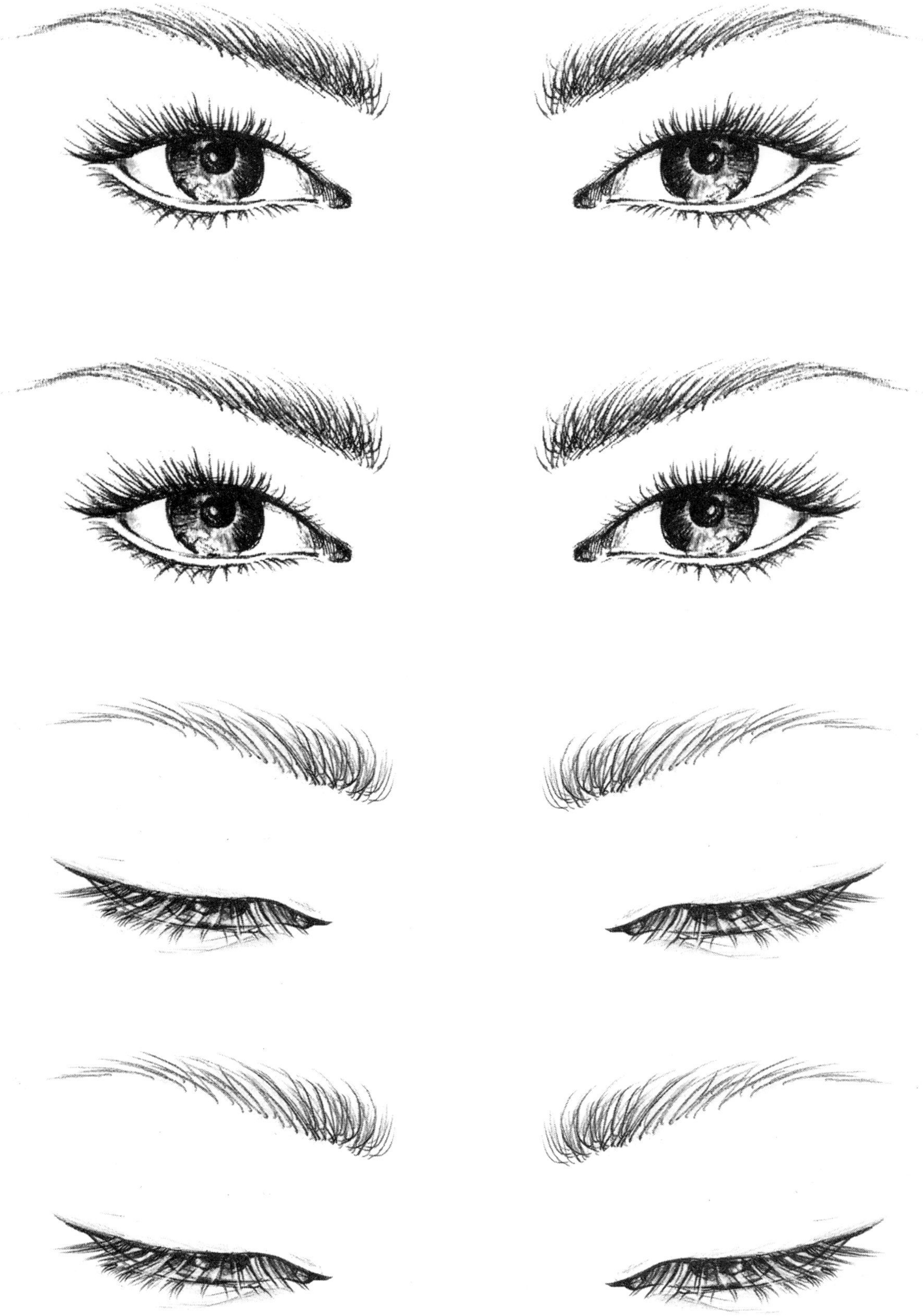

02 Eye liner

(1) 아이라이너의 목적

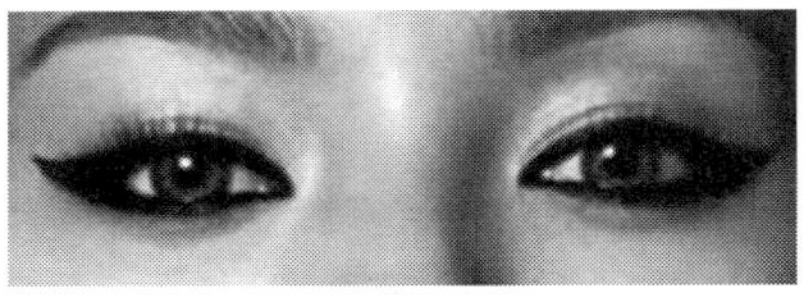

- 눈매를 또렷하게 하여 눈을 선명하게 강조한다.
- 눈의 크기를 결정하며 눈의 형태를 수정한다.

(2) 아이라이너 컬러이미지

색 상	효 과
Black	선명하고 또렷한 눈매
Brown	깊고 자연스러운 눈매
Gray	도회적이며 세련된 눈매
Color	트렌디하며 개성있고 다양한 이미지의 눈매완성 가능

※ 색상별 아이라이너가 표현된 사진이미지를 찾아 붙여보세요.

Black	Brown
자료출처 (　　　　　　)	자료출처 (　　　　　　)
Gray	Color
자료출처 (　　　　　　)	자료출처 (　　　　　　)

(3) 아이라이너의 종류

제형	제품테스트	적용이미지	특징
리퀴드		IMAGE	또렷하고 얇게 표현 물에 강하고 지속력 좋음 인위적 느낌 수정 어려움 그러데이션 불가능
붓펜		IMAGE	진하고 두꺼운 라인 용이 정교한 눈꼬리 표현 가능 클렌징이 다소 어려움
젤		IMAGE	펜슬타입의 자연스러움 리퀴드의 또렷함 브러시 소지의 번거로움 양조절, 힘조절의 다양함
펜슬		IMAGE	편하고 부드러운 사용감 자연스러운 발색 날렵한 표현 어려움 잘 번지고 지속력 떨어짐
스파클링		IMAGE	라인이 부드럽고 쉽게 그려짐 글리터들이 흩어지지 않아 깔끔 한 눈매 연출
케익		IMAGE	고형의 제형 번들거림이 없음 자연스러운 그러데이션

※ 아이라이너의 제형과 명칭을 선으로 연결해 보세요.

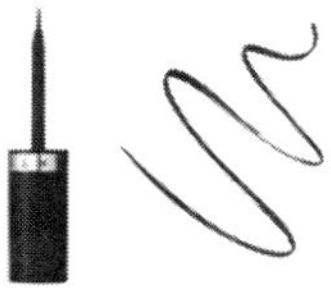

리퀴드

붓펜

펜슬

젤

스파클링

케익

(4) 아이라이너 연습하기

※ 선의 강약 연습을 해 봅시다.

2B연필 연습	펜슬라이너 연습
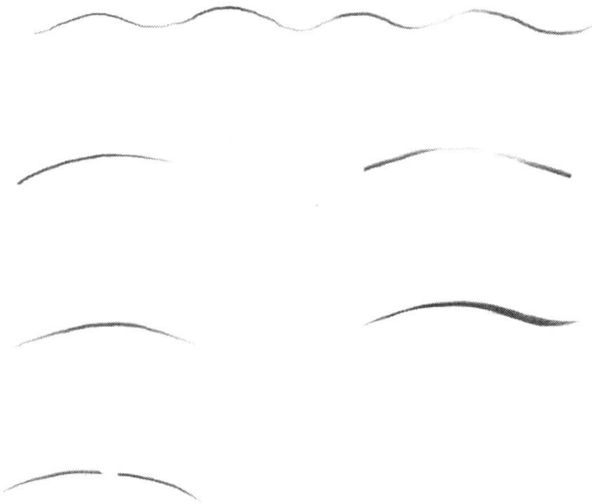	

붓 라이너 연습	리퀴드 라이너 연습

※ 아이라이너의 강약을 이용하여 눈 아래의 아이라이너를 이미지 위에 연습을 해 봅시다.

- □ 얇은 아이라이너
- □ 두꺼운 아이라이너
- □ 얇고 두껍고 얇은 아이라이너
- □ 두껍고 얇고 두꺼운 아이라이너
- □ 앞머리 빼기 아이라이너
- □ 눈꼬리 올리기 아이라이너
- □ 자연스러운 아이라이너
- □ 나만의 아이라이너

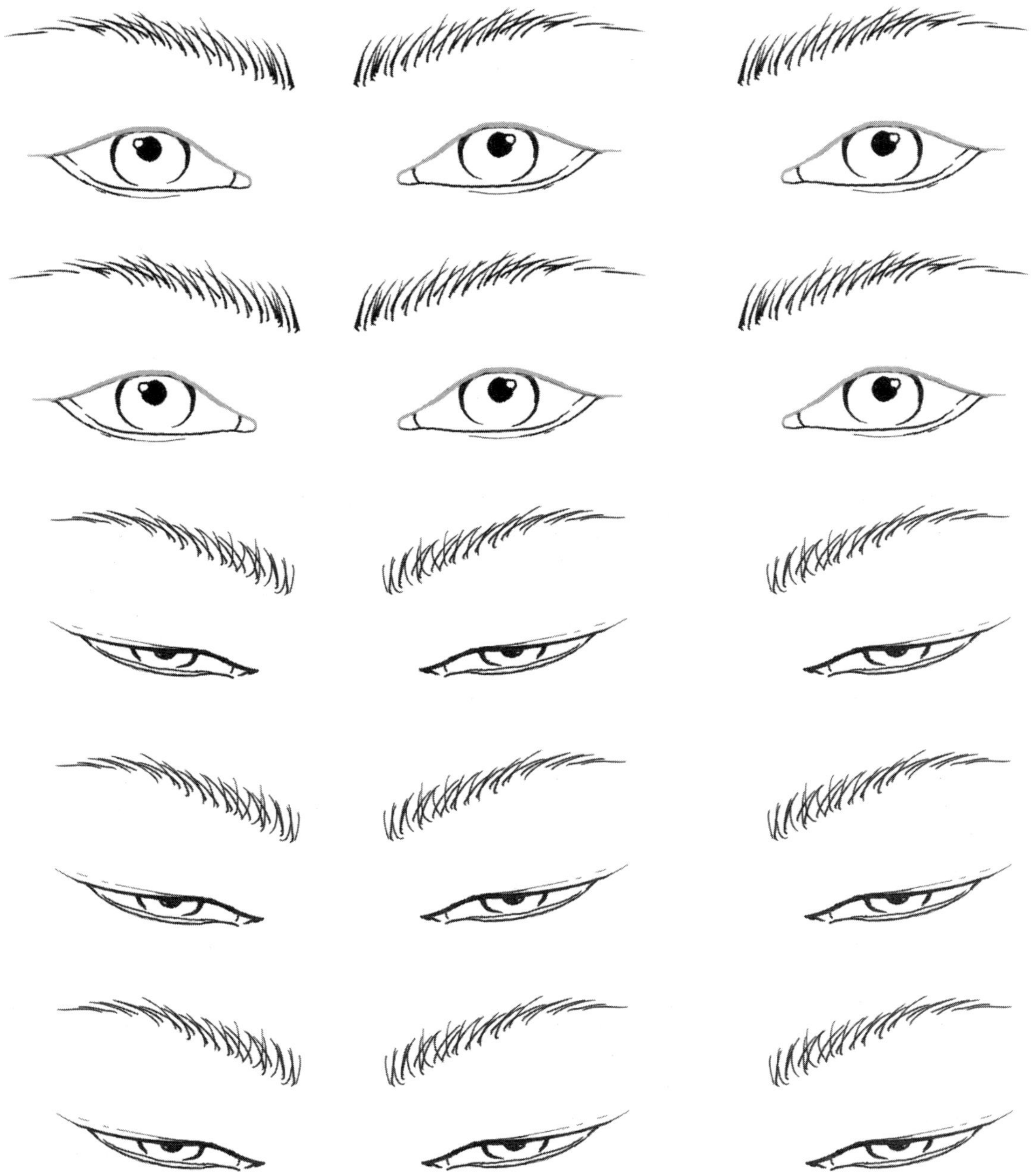

※ 아이라이너의 다양한 재료를 이용하여 아이라이너를 이미지 위에 연습을 해 봅시다.

- ☐ 리퀴드 아이라이너
- ☐ 젤 아이라이너
- ☐ 펜슬 얇은 아이라이너
- ☐ 붓펜 아이라이너
- ☐ 케익 아이라이너
- ☐ 혼합재료 아이라이너

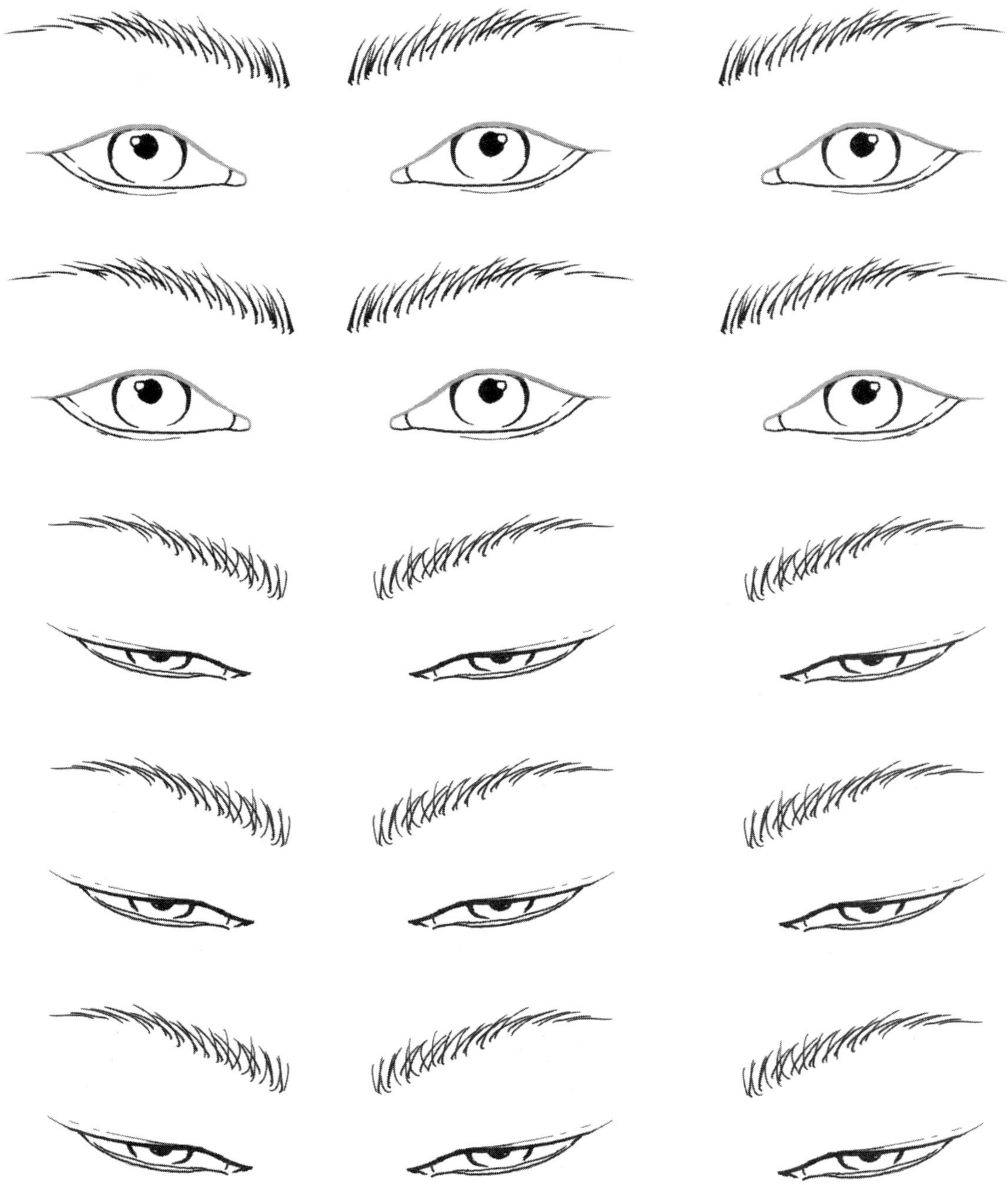

(5) 아이라이너 적용

※ 다양한 모델의 눈에 다양한 재료와 형태를 선택하여 라이너를 연출해보세요.

구분	Before	After
제형 형태		
제형 형태		
제형 형태		

※ 한 모델에게 고양이 눈매와 강아지 눈매를 연출해보세요.

고양이 눈매	강아지 눈매
IMAGE	IMAGE

03 Mascara

(1) 마스카라의 목적

- 속눈썹을 짙고 풍성하게 하여 눈의 깊이감과 선명함을 준다.
- 속눈썹이 아래로 처지지 않게 유지한다.
- 다양한 컬러의 마스카라로 인해 여러가지 이미지의 눈화장을 연출할 수 있다.

(2) 마스카라의 종류

제형	제품테스트	키워드	특징
투명			속눈썹을 보호해 주며 컬을 유지시켜 줌
컬링			뷰러로 올린 속눈썹을 단단히 고정시키는 효과 C컬의 효과 극대화
롱-래시			셀룰로오스의 특수가공이된 섬유질 함유 섬유질이 떨어져 지저분해질 수 있는 단점
볼륨			속눈썹의 숱을 풍성하게 보이게 함 건조가 다소 느림 마스카라의 모가 동그랗고 통통한 형태
워터프루프			내수성이 좋아서 물이나 땀에 쉽게 지워지지 않는 방수타입의 제품 여름철 사용량 증가
컬러			아이섀도 컬러의 연장 효과 트렌디하며 이국적인 이미지변신 효과

04 False Eyelashes

(1) 인조속눈썹의 목적

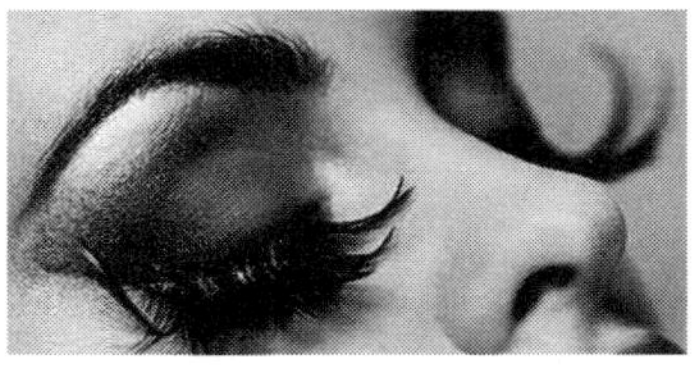

- 속눈썹의 숱을 많아 보이게 해줌
- 또렷한 다양한 눈매를 연출할 수 있음

(2) 인조속눈썹의 종류

속눈썹의 명칭과 이미지를 연결해 보세요.

Nature lash　Stip Eyelash　Individual Lash　Art Lash　Point Lash

  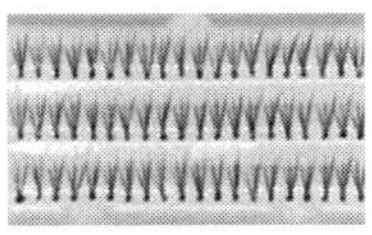  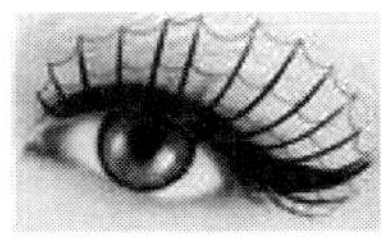

구분	이미지	특징
		밍크모를 수작업하여 만든 속눈썹 모가 얇고 자연스러운 것이 특징 롱래쉬보단 볼륨에 효과적
		속눈썹이 한개로 연결된 것 눈매별, 이미지별 속눈썹의 형태가 사용되어 짐
		가닥가닥 자른 속눈썹을 심는 방법 내 속눈썹과 같은 편안함과 자연스러움이 특징
		눈매에 포인트를 주고 싶은 부위에 활용하여 연출함 이미지를 극대화 시킴
		화보나 광고 촬영시 많이 쓰임 컨셉을 극대화 시키는 역할을 함

(3) 인조속눈썹의 적용

Stip Eyelash를 이용하여 눈의 모양에 맞게 붙여보세요.
이미지에 맞는 아이메이크업을 완성해 주세요.

구분	Before	After
정면	IMAGE	IMAGE
측면	IMAGE	IMAGE
감은 눈	IMAGE	IMAGE

Individual Lash를 이용하여 눈의 모양에 맞게 붙여보세요.
이미지에 맞는 아이메이크업을 완성해 주세요.

구분	Before	After
정면	IMAGE	IMAGE
측면	IMAGE	IMAGE
감은 눈	IMAGE	IMAGE

Part 7. 립 & 치크 메이크업

01 LIP MAKE UP

(1) 립 메이크업의 목적

- 건강한 혈색을 표현
- 입술의 형태를 이미지에 맞게 수정, 보완

(2) 립제품의 종류

구분	제품테스트	제품이미지	특징
립스틱		IMAGE	선명한 색상연출 다양한 색감과 질감
립라이너		IMAGE	입술선을 수정, 보완 용이 입술모양을 뚜렷하게 함
립크레용		IMAGE	스틱과 라이너의 장점 립의 색표현과 수정이 용이함
립글로스		IMAGE	투명한 연출이 가능함 촉촉한 광택의 표현 입술보호의 기능도 있음
립틴트		IMAGE	입술색의 착색 오래 유지하는 유지 가능
립밤		IMAGE	건조 입술에 적합함 입술보호의 역할을 함

(3) 립메이크업 컬러이미지

Tone	테스트	이미지 자료 찾기	효과
Red tone		IMAGE	정열적 세련됨 단호함 성숙함
Pink tone		IMAGE	청순함 부드러움 귀여움
Purple tone		IMAGE	화사함 우아함 고혹적
Orange tone		IMAGE	건강함 활동적 발랄함
Brown tone		IMAGE	차분함 이지적 자연스러움

(4) 립 형태 이미지

형태	제품이미지	특징
 직선형	IMAGE	세련됨 현대적 이지적
 인 커브	IMAGE	자신감 발랄함 귀여움
 아웃커브	IMAGE	요염함 성숙함 우아함

(5) 립 컬러링 이미지

구분	이미지 자료 찾기	효과
원 컬러 립	IMAGE	자신감 이지적 단호함 성숙함
그러데이션 립	IMAGE	자연스러움 발랄함 귀여움 입체적

(5) 립 그리기 연습

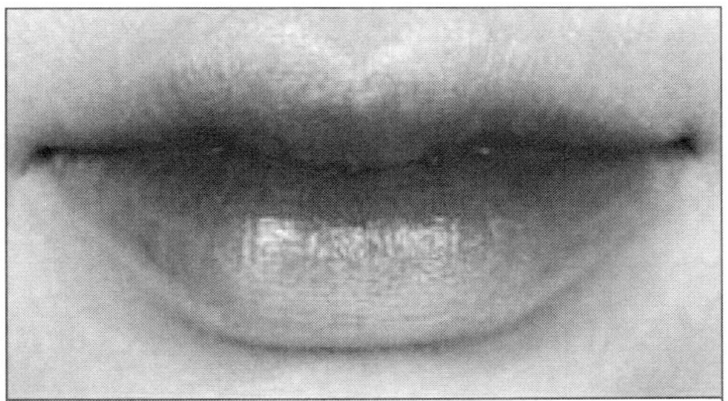

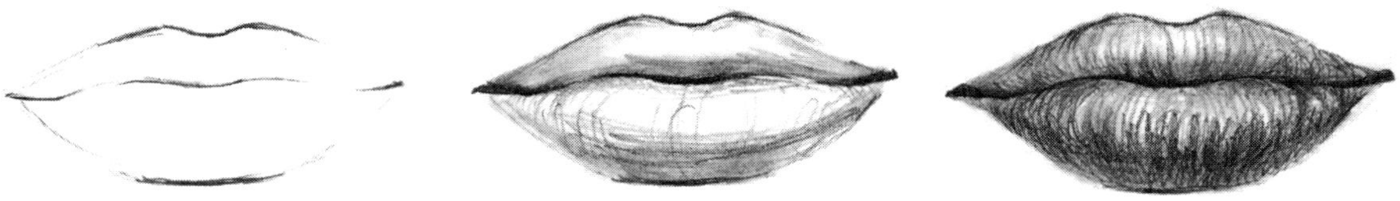

직선형

인 커브

아웃커브

(6) 립 메이크업 적용

분류	Before	After
원 컬러 립	IMAGE	IMAGE
그러데이션 립	IMAGE	IMAGE

※ 한 모델에게 고양이 눈매와 강아지 눈매를 연출해보세요.

모델명	
입술형/ 특징	
립 메이크업 계획	

구분	Before	After
립 이미지	IMAGE	IMAGE

02 Cheek make up

(1) 치크 메이크업의 목적

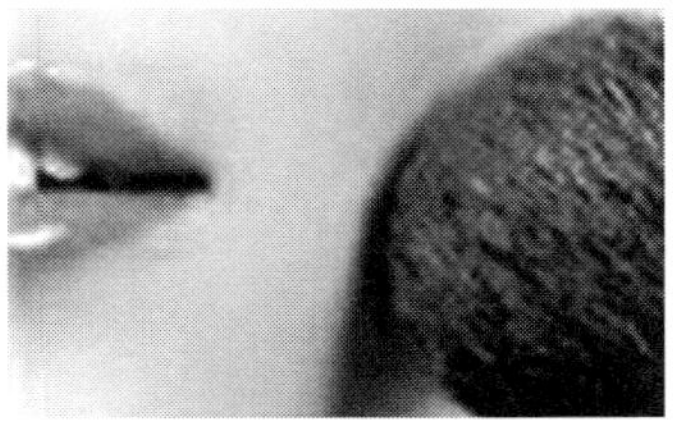

- 건강한 혈색과 생기를 표현
- 잡티커버, 얼굴형 교정 효과

(2) 치크 메이크업의 종류

구분	제품 테스트	제품 이미지	특징
크림		IMAGE	발림성과 지속성 자연스러운 발색력
케이크		IMAGE	지속성은 다소 떨어짐 가벼운 사용감 지성피부에 적합
스틱		IMAGE	발림성과 지속성 간편한 사용
틴트		IMAGE	투명한 연출이 가능함 지속성과 자연스러움

잠깐! 알아둡시다.

치크는 일반적으로 검은눈동자와 콧망울이 만나는 지점의 바깥쪽에 표현하는 것이 얼굴이 갸름해 보이나 귀여운 이미지를 위해 눈동자 아래 동그랗게 표현하여 어려보이고 귀여운의 이미지를 주기도 합니다.

♬ 메이크업에 Knowhow는 있지만 '정답'은 없답니다.

(3) 치크 메이크업 컬러이미지

Tone	테스트	이미지 자료 찾기	효과
Pink tone		IMAGE	청순함 부드러움 화사함 여성스러움
Orange tone		IMAGE	건강함 활동적 발랄함
Brown tone		IMAGE	차분함 이지적 자연스러움 현대적

(4) 치크 메이크업 활용 이미지

① 여성적 이미지

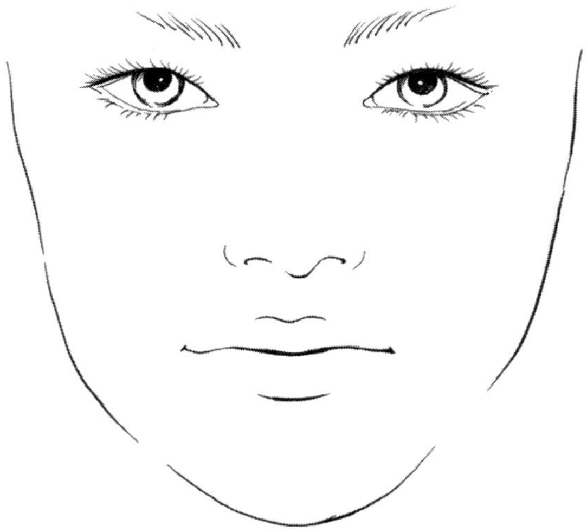

POINT MEMO!

② 지적인 이미지

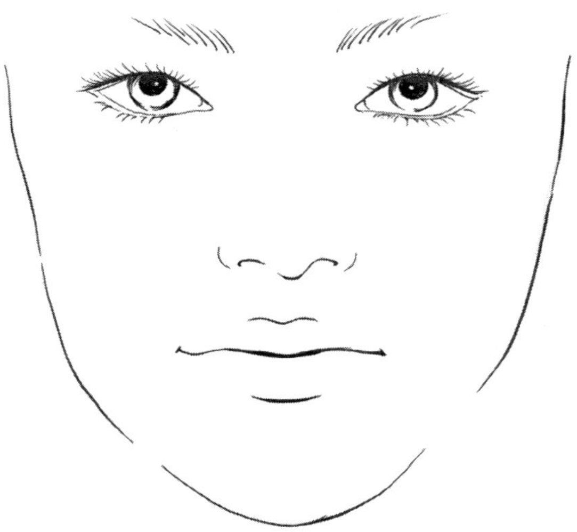

POINT MEMO!

③ 활동적 이미지

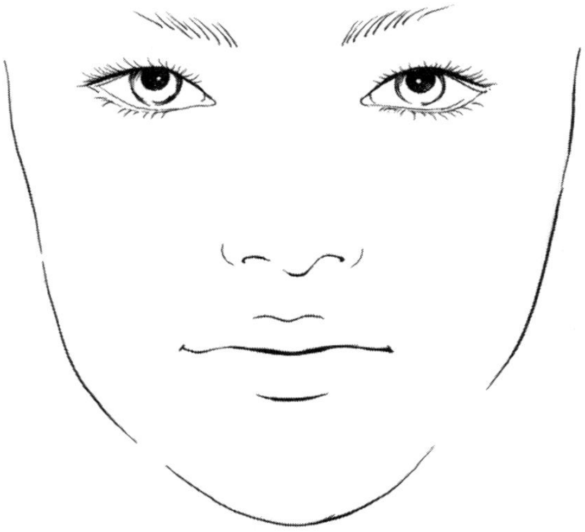

POINT MEMO!

④ 귀여운 이미지

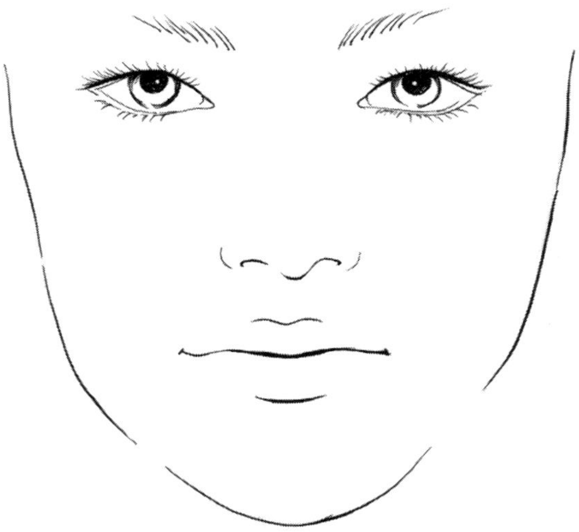

POINT MEMO!

(5) 얼굴형 보완 치크 메이크업

① 둥근형

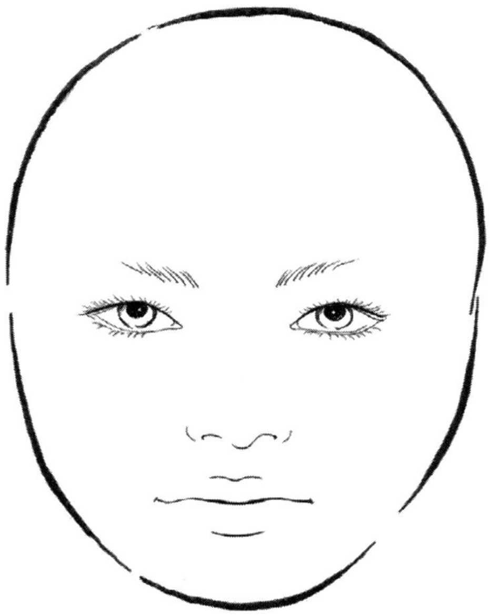

POINT MEMO!

② 긴형

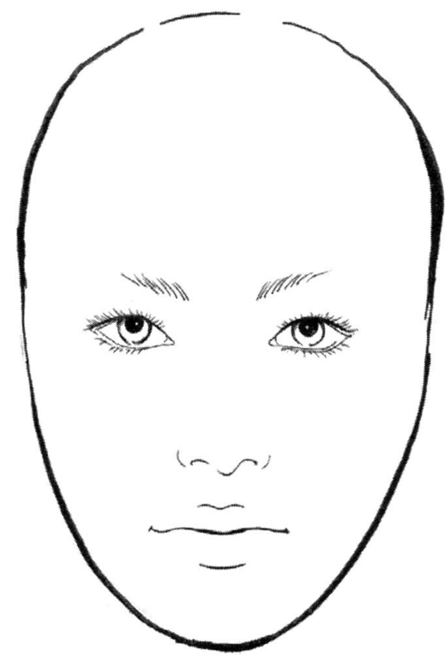

POINT MEMO!

③ 사각형

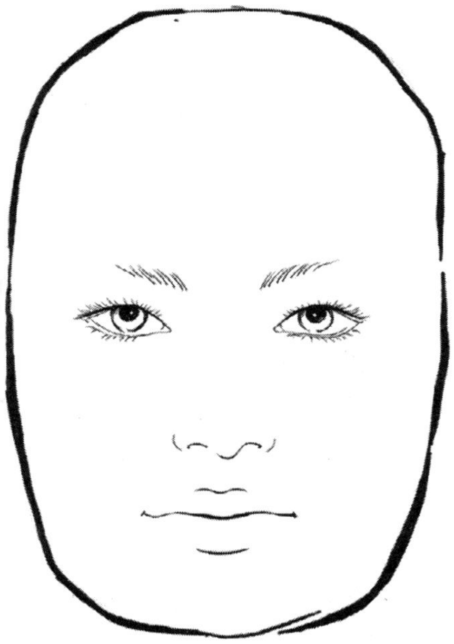

POINT MEMO!

④ 역삼각형

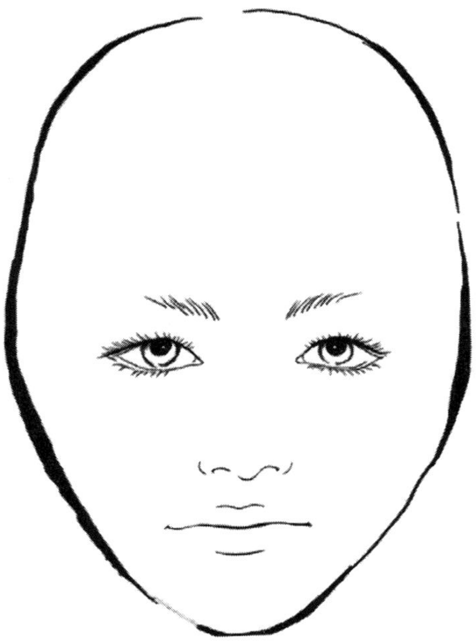

POINT MEMO!

Part 8. Beauty Make up 실습

01 Beauty Make up 실습

모델분석	
얼굴형	
피부색	
트러블	
눈썹	
눈모양	
입술모양	
기타	

모델사진	
정면 IMAGE	측면 IMAGE

일러스트레이션

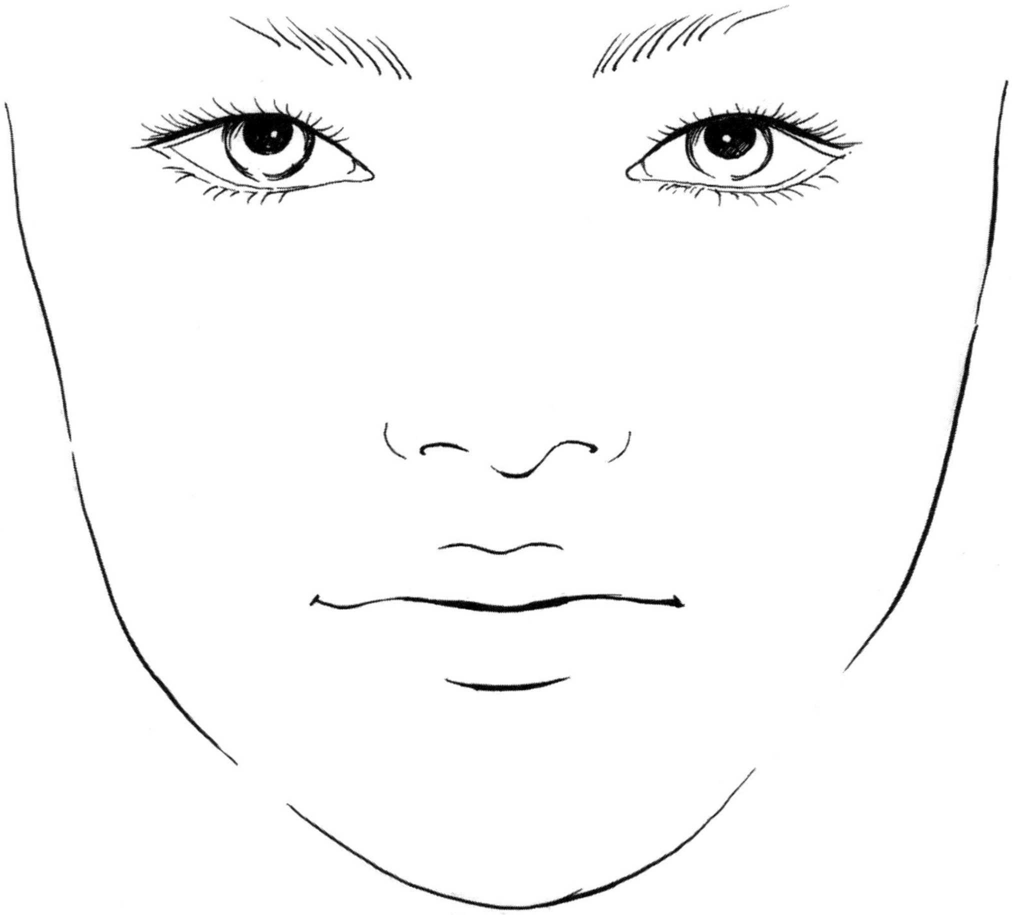

표현 이미지	
아이섀도 컬러	
립 컬러	
치크 컬러	

일러스트레이션

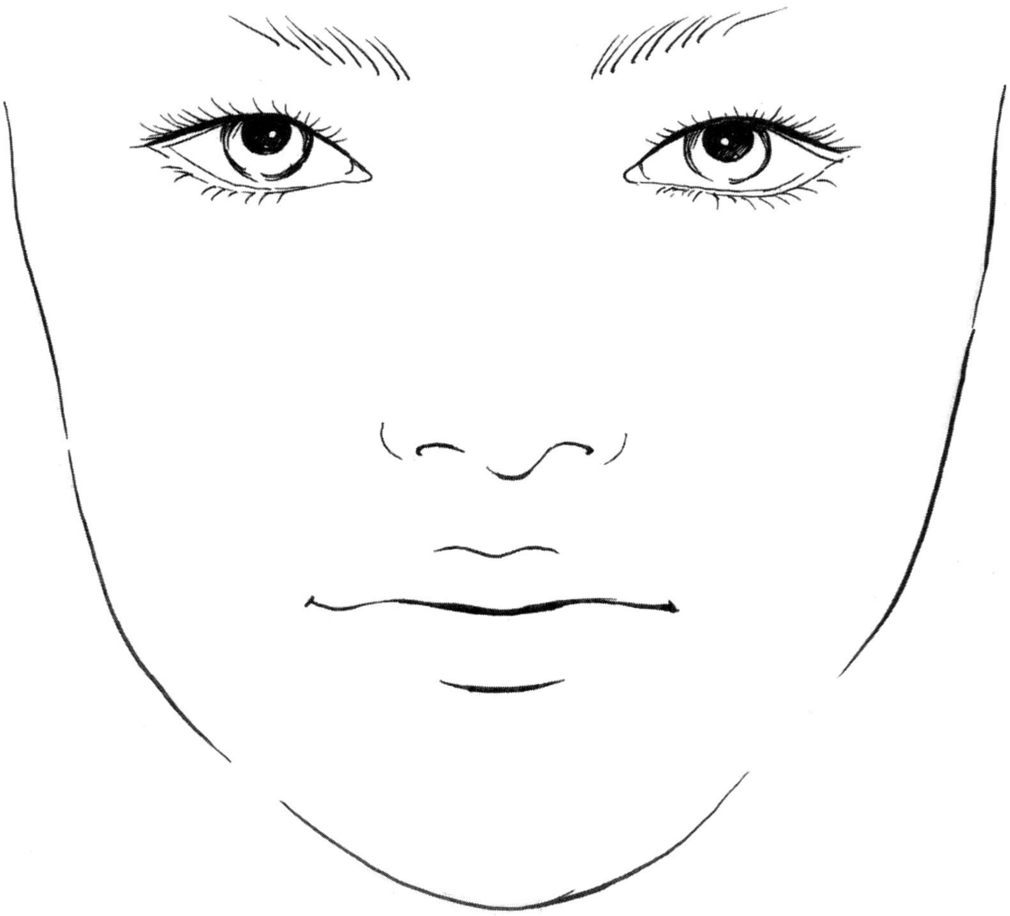

표현 이미지	
아이섀도 컬러	
립 컬러	
치크 컬러	

일러스트레이션

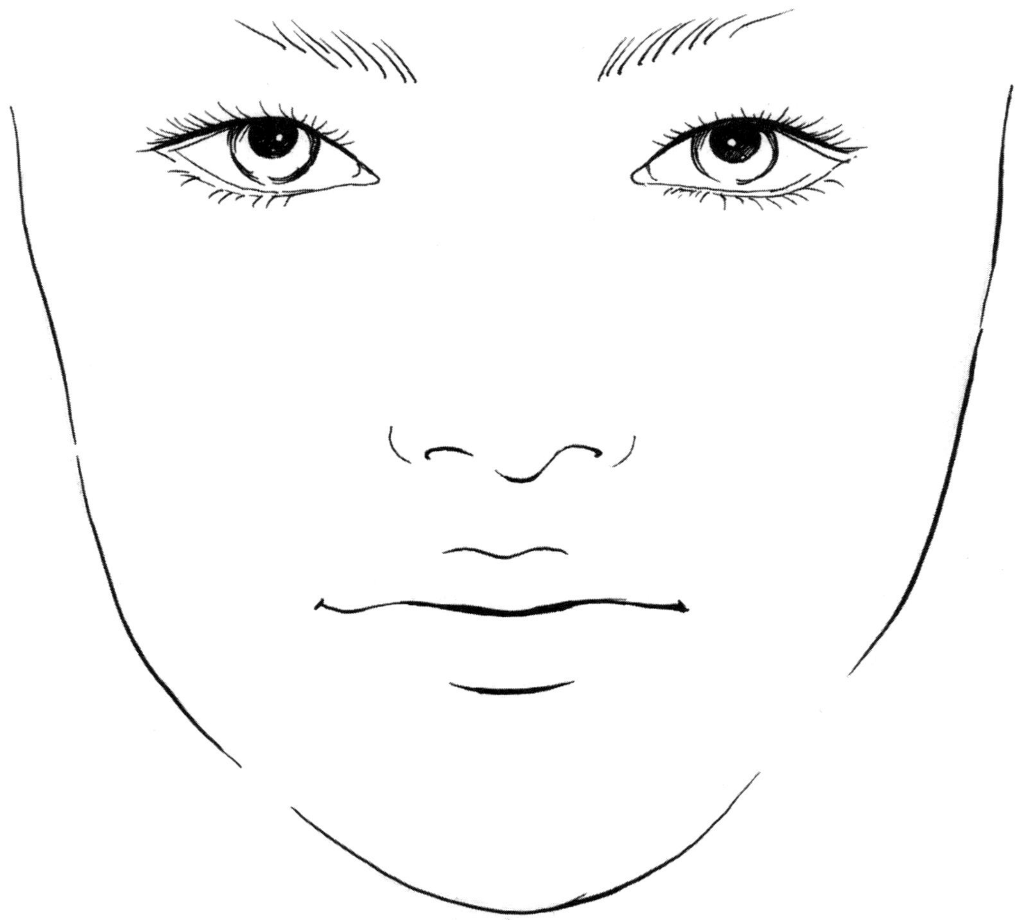

표현 이미지	
아이섀도 컬러	
립 컬러	
치크 컬러	

일러스트레이션

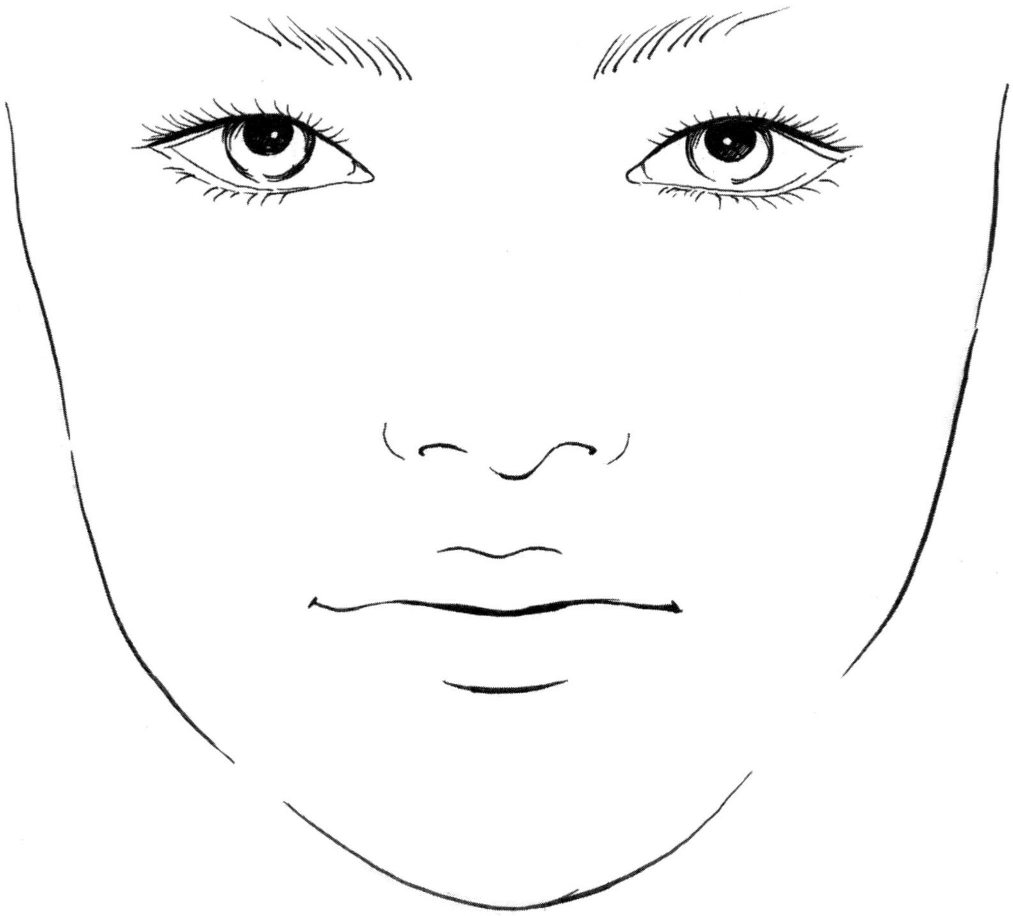

표현 이미지	
아이섀도 컬러	
립 컬러	
치크 컬러	

일러스트레이션

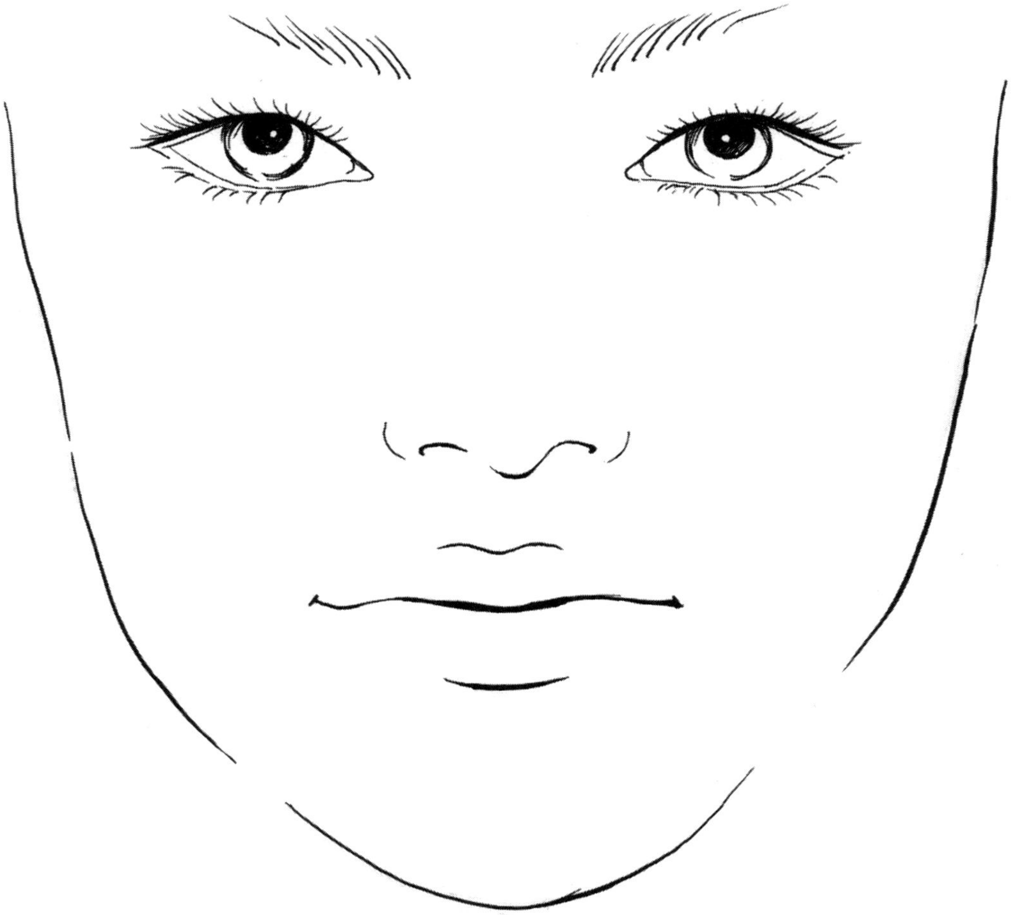

표현 이미지	
아이섀도 컬러	
립 컬러	
치크 컬러	

일러스트레이션

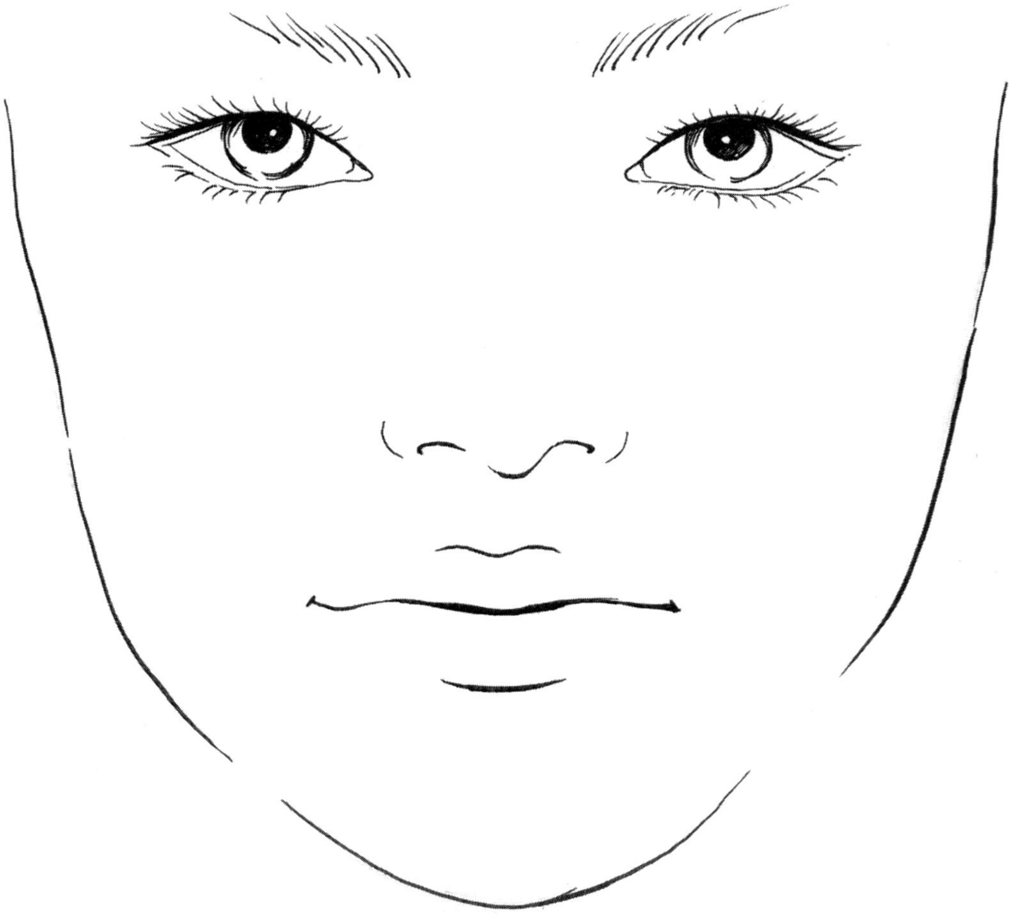

표현 이미지	
아이섀도 컬러	
립 컬러	
치크 컬러	

피부정리	베이스	컬러차트 적용
IMAGE	IMAGE	IMAGE
파운데이션	눈썹	아이섀도
IMAGE	IMAGE	IMAGE
라이너 및 마스카라	립	치크
IMAGE	IMAGE	IMAGE

완성사진	
45° IMAGE	측면 IMAGE
정면 IMAGE	

Part 9. 마무리 스타일링 하기

- 이미지의 정의
- 메이크업 스타일링

(1) Image 정의

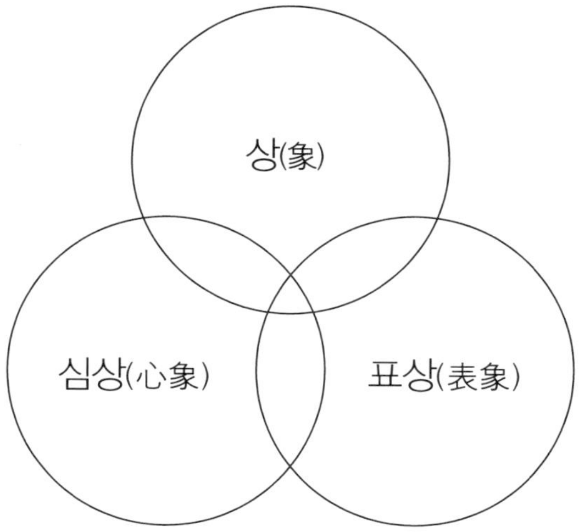

유래 = 라틴어 Image(모방하다)

□ 사전적 정의

시각, 미각, 청각, 후각 및 촉각의 오감을 통해 경험한 어떤 대상에 대한 인간이 내재적으로 가지고 있는 인상의 총합

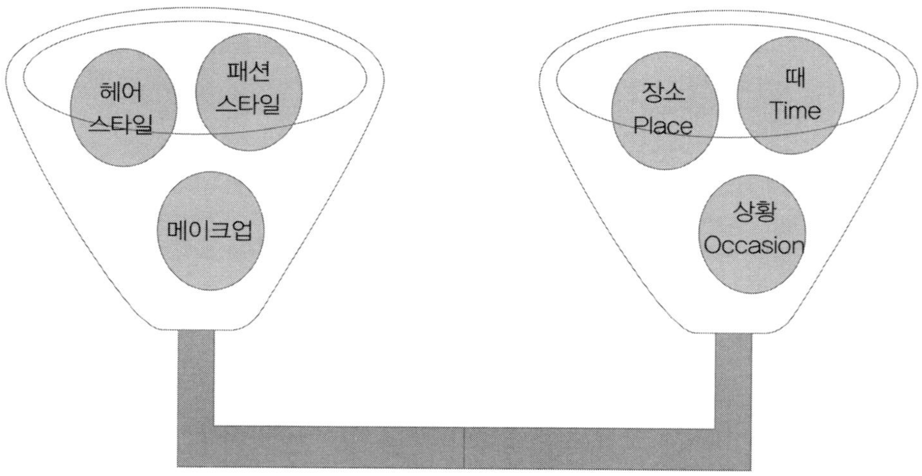

토탈 뷰티코디네이션

(2) 메이크업 스타일링

시간 장소 상황에 맞는 메이크업 스타일링을 계획해 봅시다.

예시 TPO	T	P	O
	퇴근 후 6:00	레스토랑	20대 후반의 소개팅

분류	메이크업과 스타일링의 계획에 대하여 구체적으로 설명하시오.
컨셉설명	메이크업 스타일링
이미지 맵	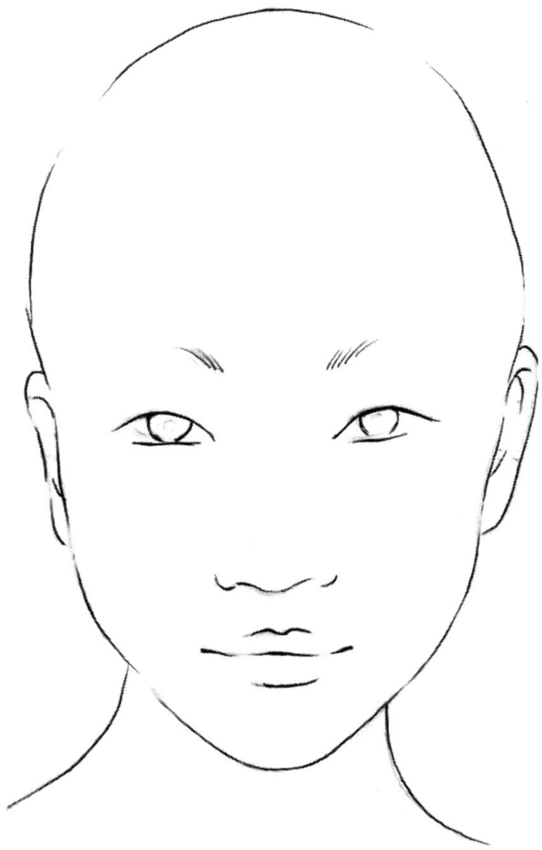

T.P.O에 맞는 메이크업을 구체적으로 계획하고 패션스타일, 헤어스타일 등을 계획하여 토탈 스타일링을 완성해보세요.

메이크업 계획	피부표현	
	아이표현	
	입술표현	
	치크	
	쉐딩/ 하이라이트	
코디네이션 계획	헤어스타일	
	주얼리	
	의상	
	구두	
	가방	

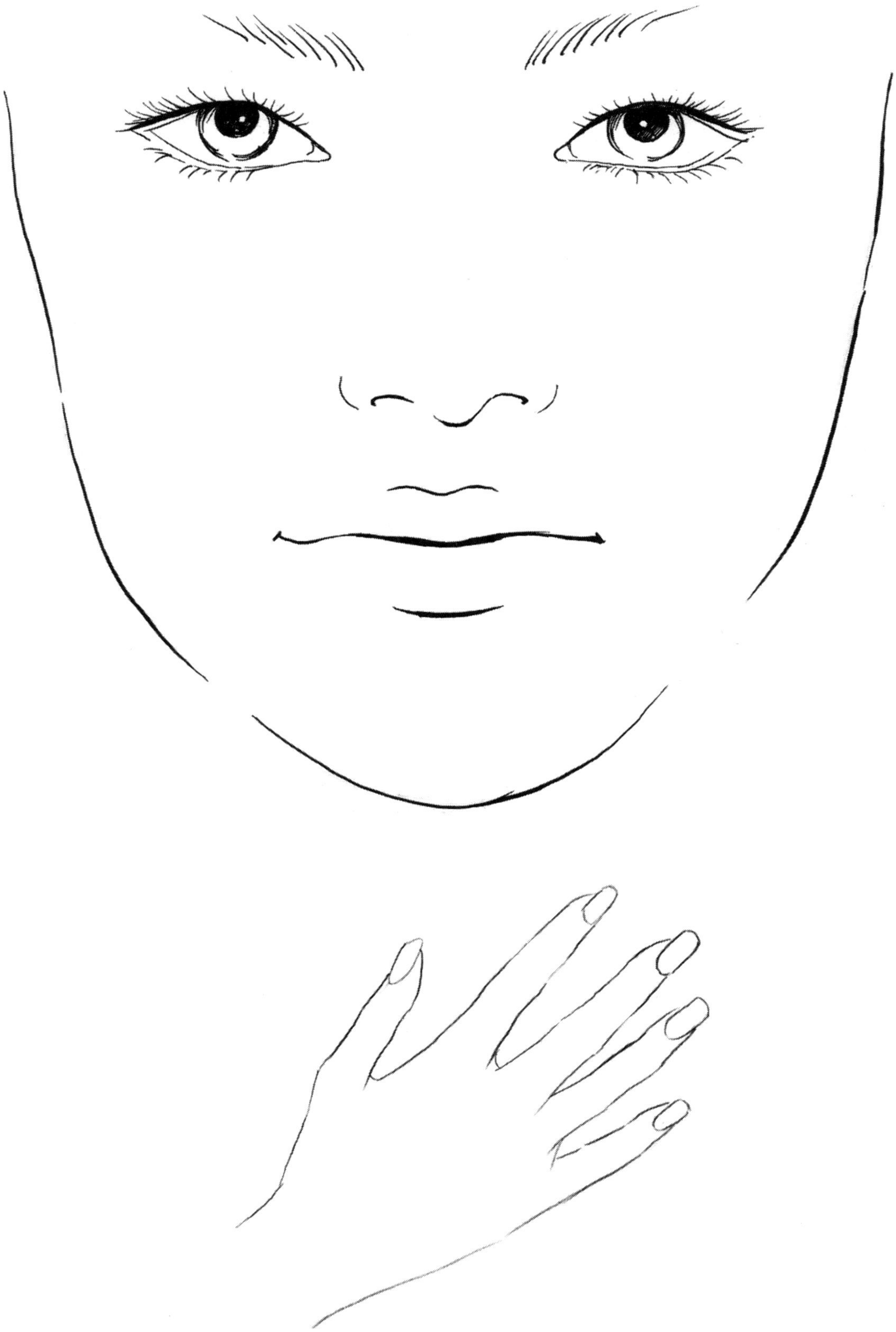

메이크업 일러스트레이션

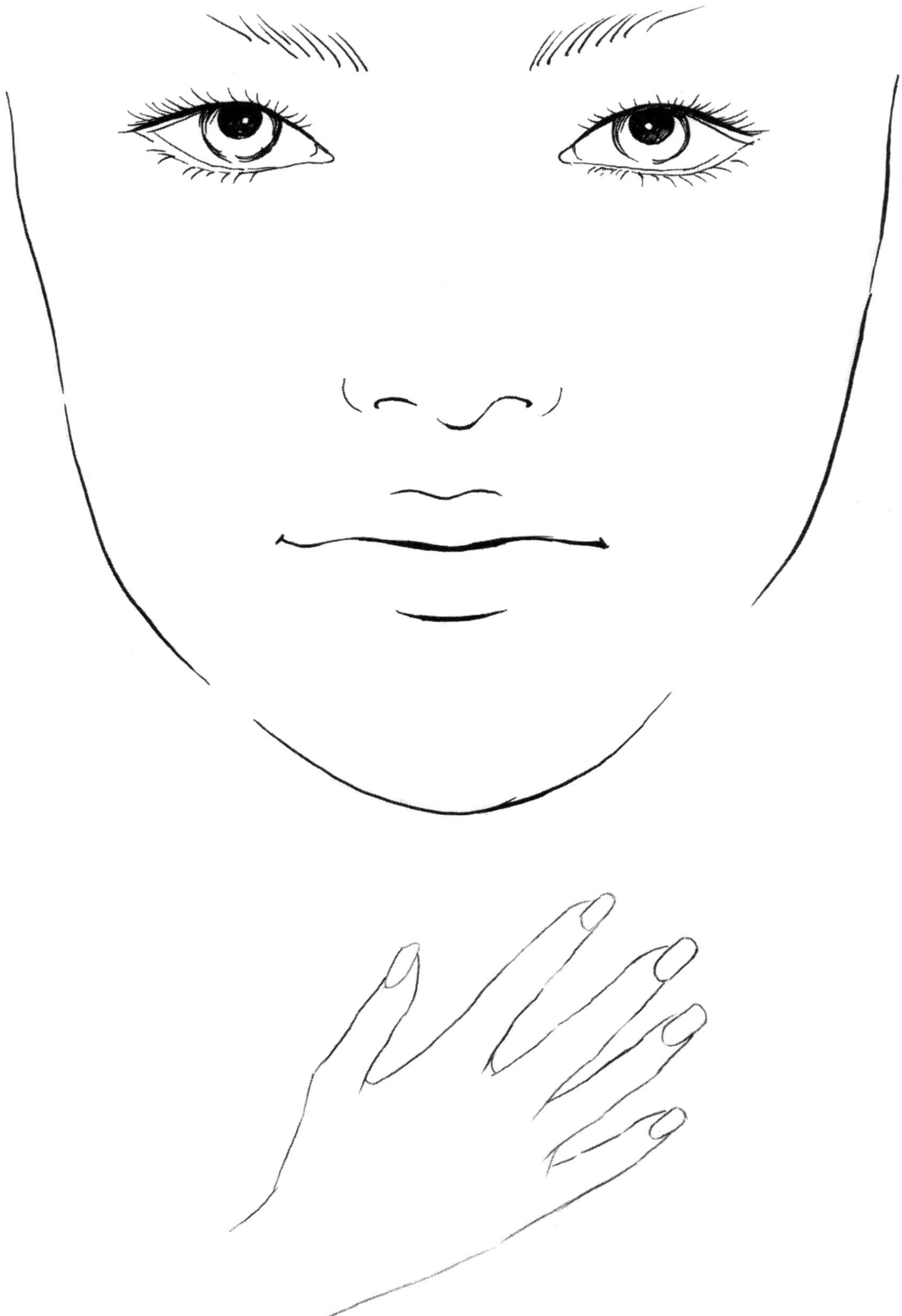

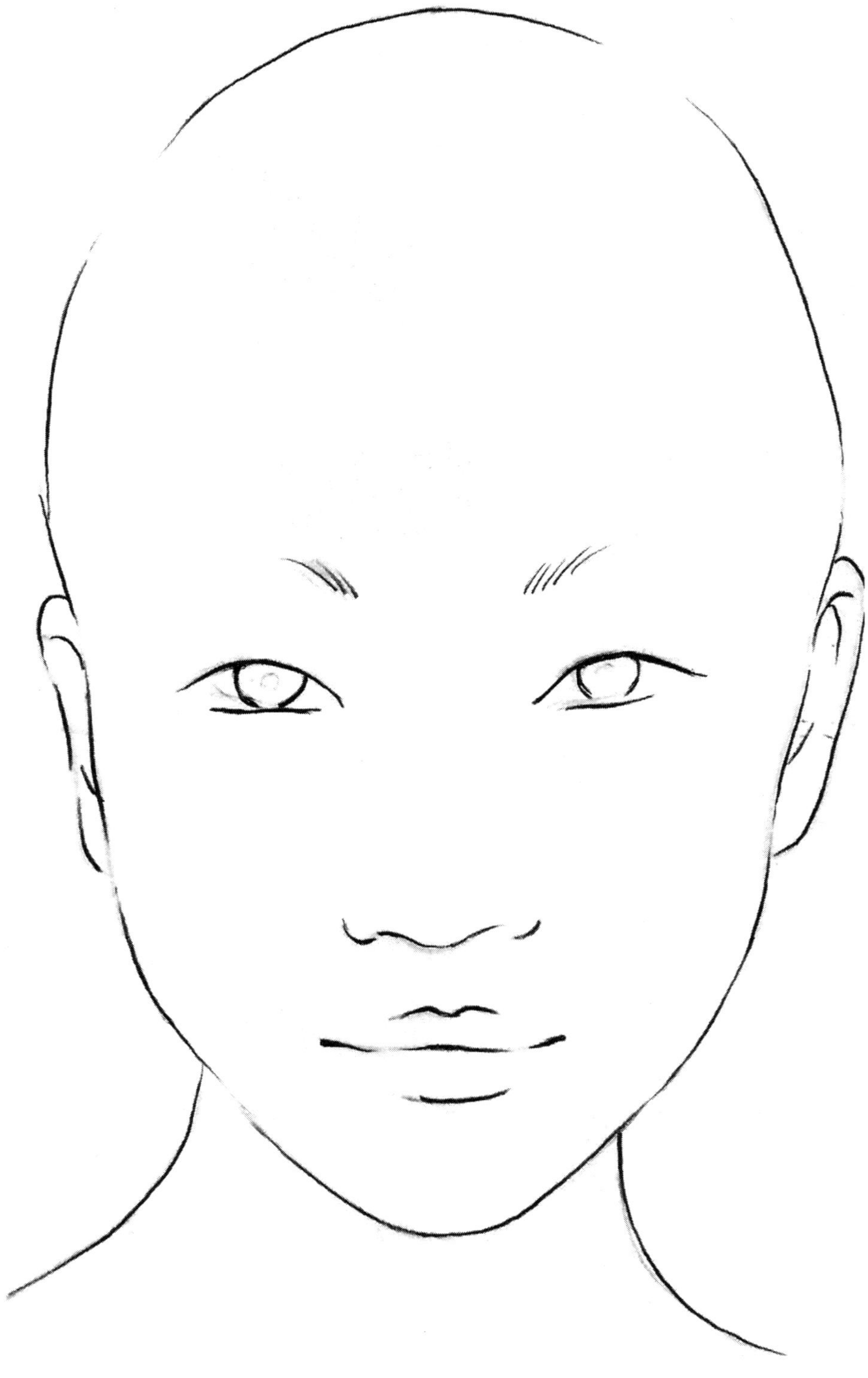

패션 스타일링 일러스트레이션

완성 사진	
45° IMAGE	측면 IMAGE
정면 IMAGE	

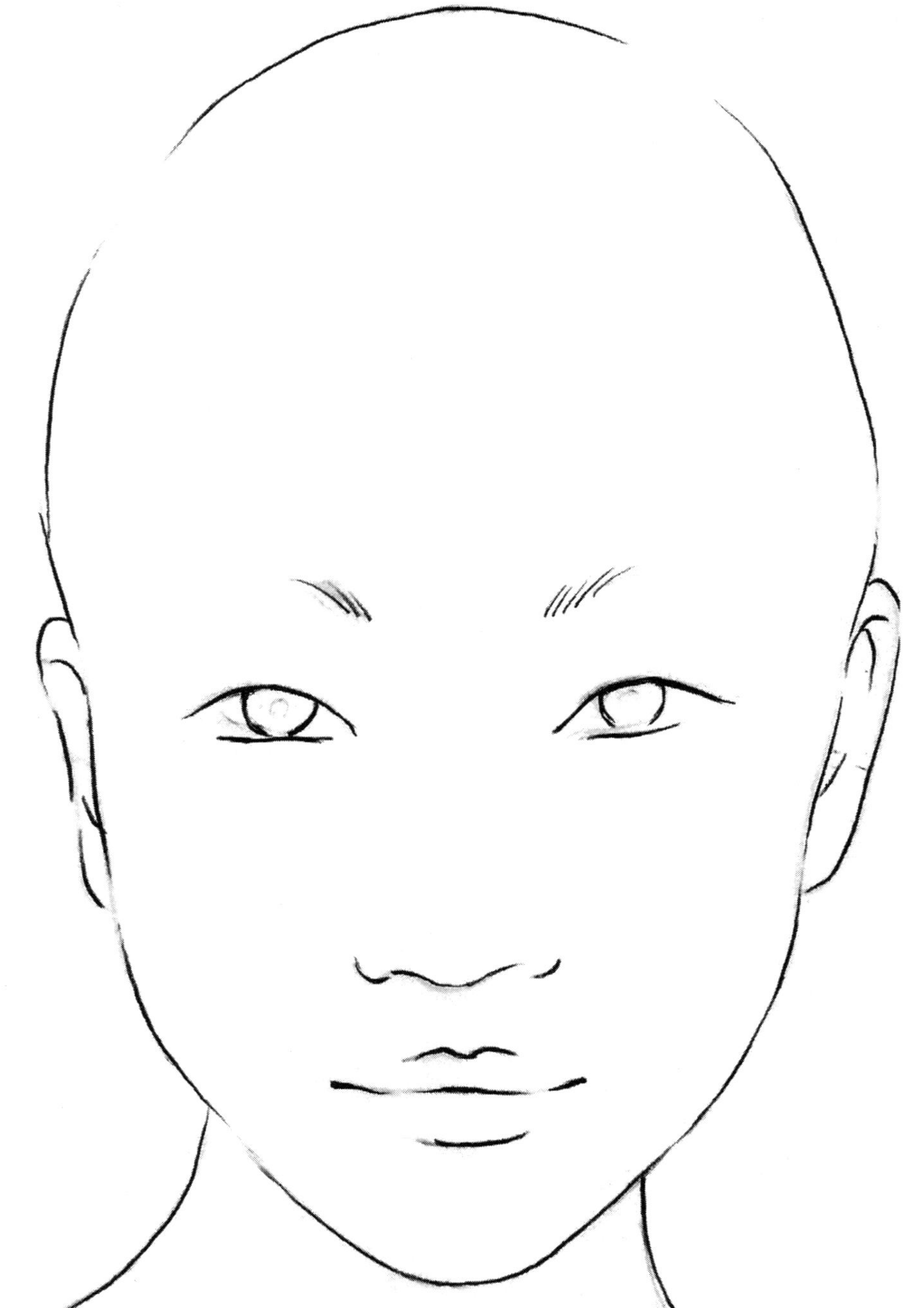

표현 이미지	
아이섀도 컬러	
립 컬러	
치크 컬러	

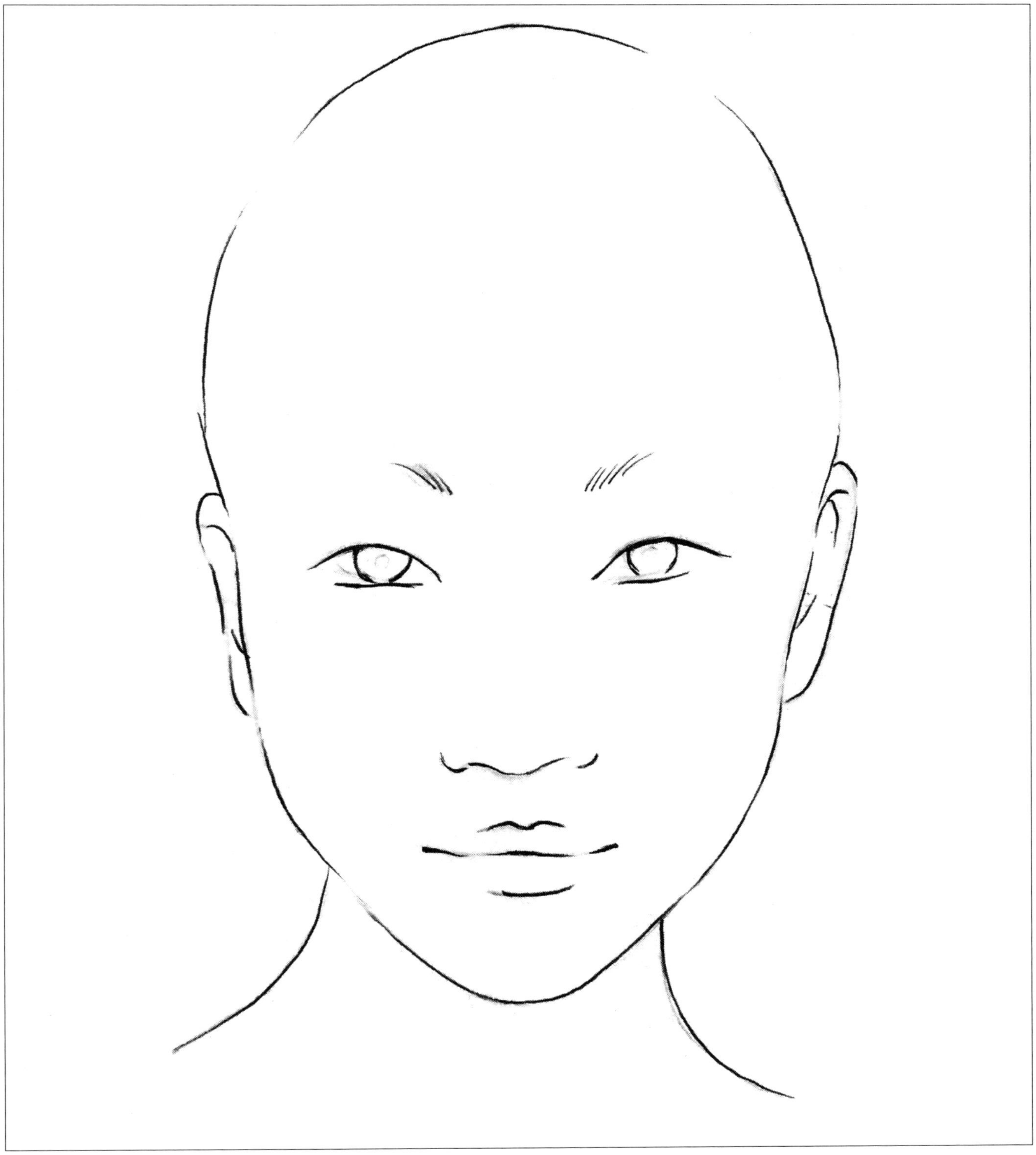

표현 이미지	
아이섀도 컬러	
립 컬러	
치크 컬러	

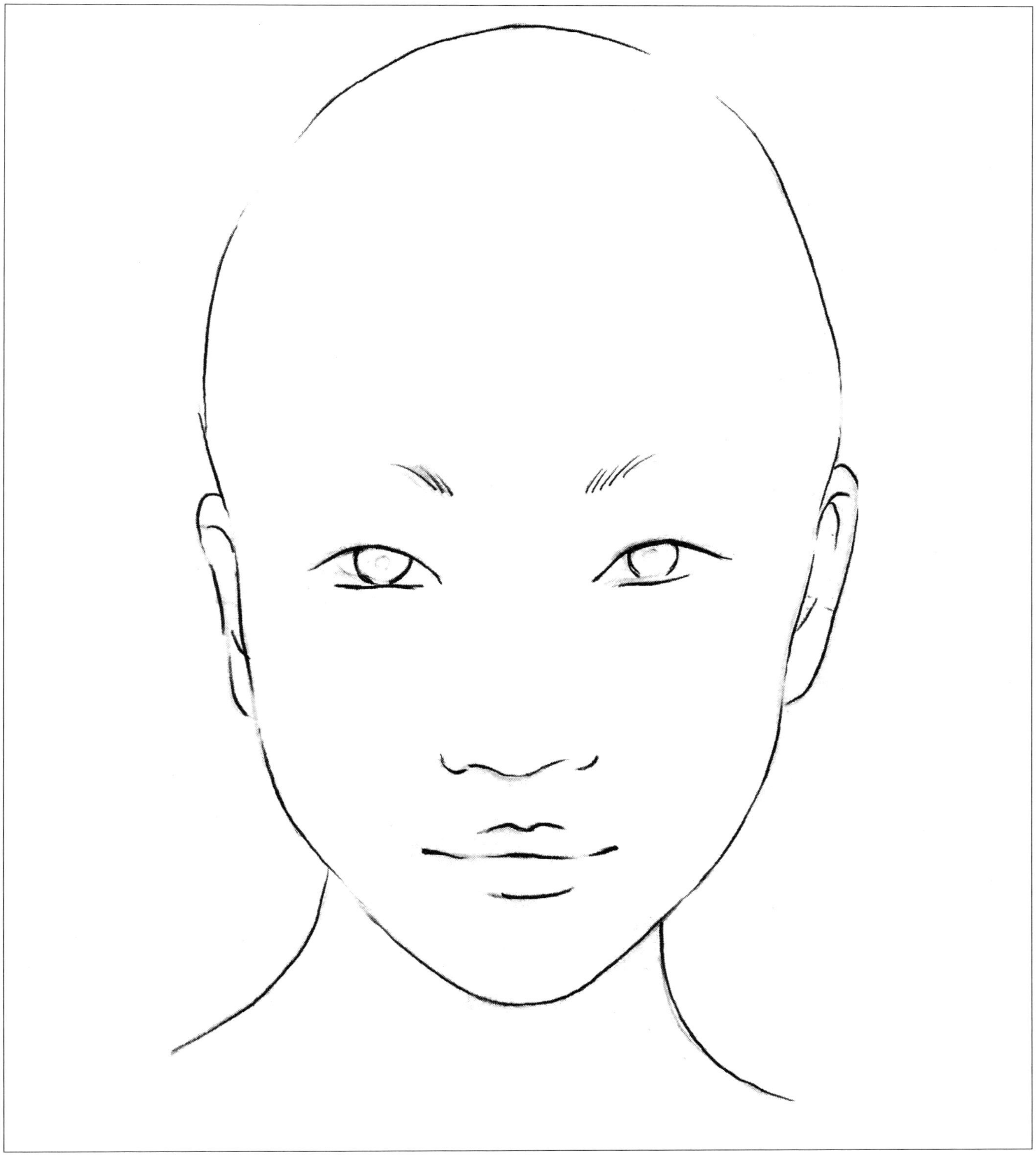

표현 이미지	
아이섀도 컬러	
립 컬러	
치크 컬러	

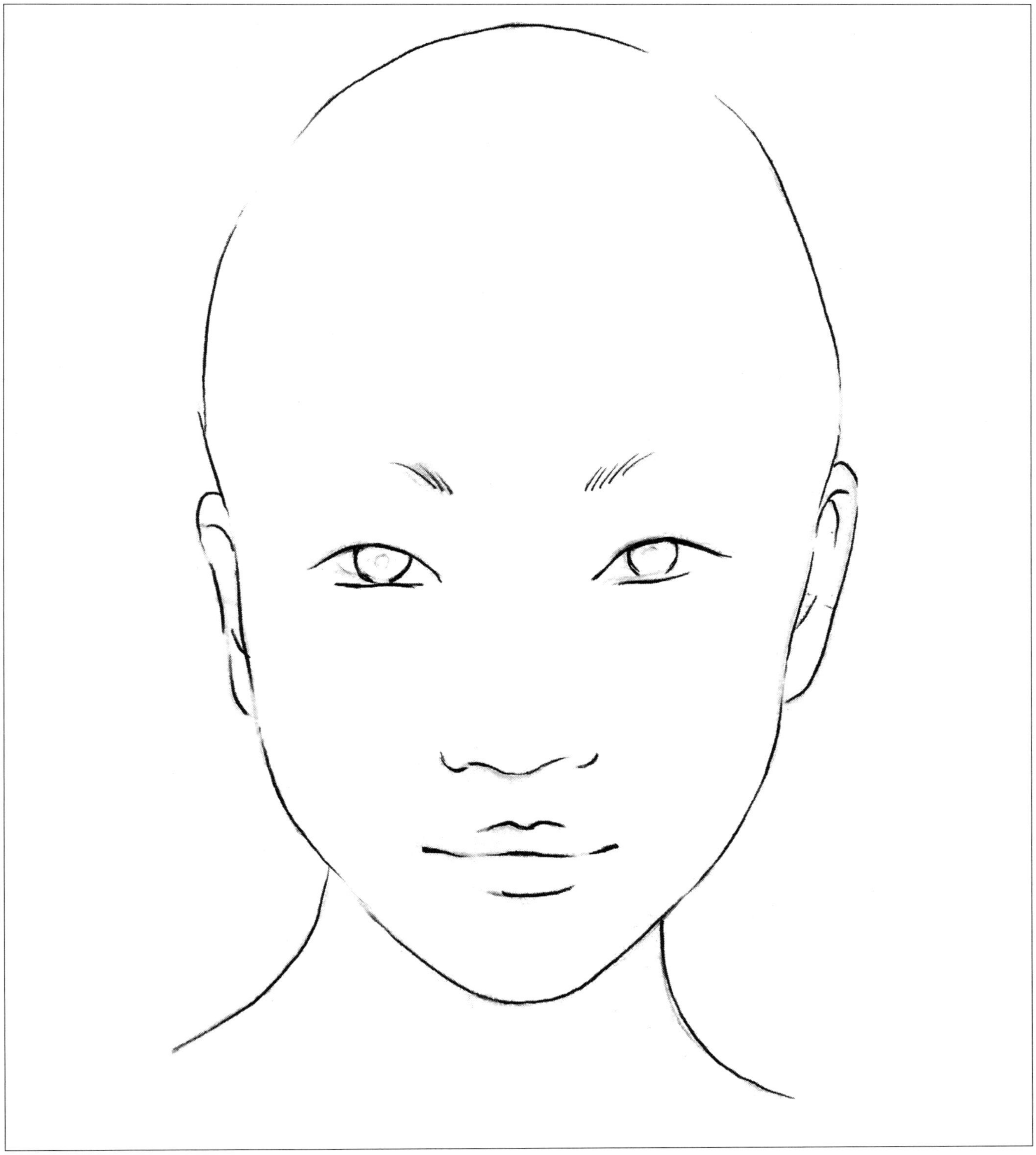

표현 이미지	
아이섀도 컬러	
립 컬러	
치크 컬러	

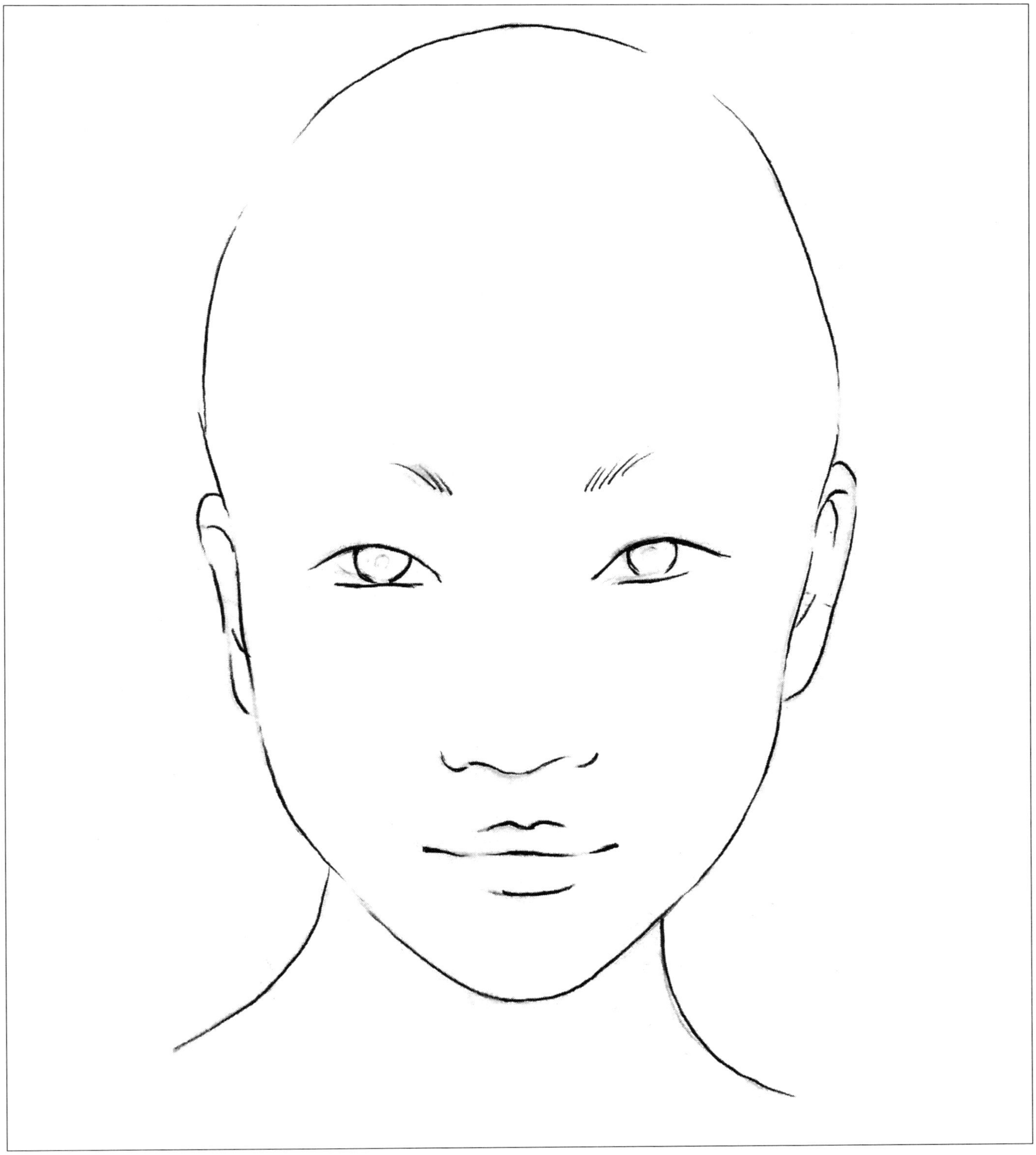

표현 이미지	
아이섀도 컬러	
립 컬러	
치크 컬러	

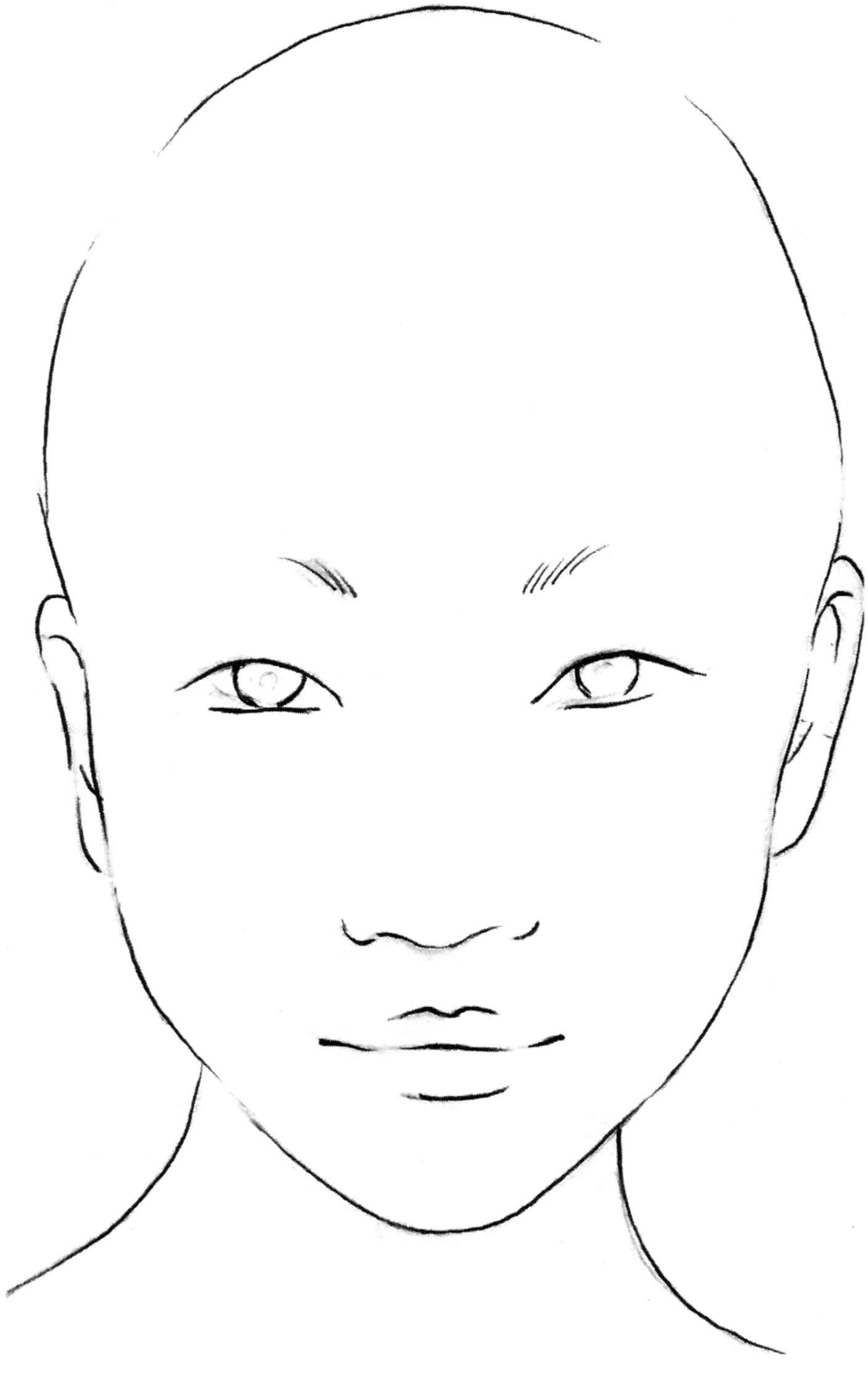

표현 이미지	
아이섀도 컬러	
립 컬러	
치크 컬러	

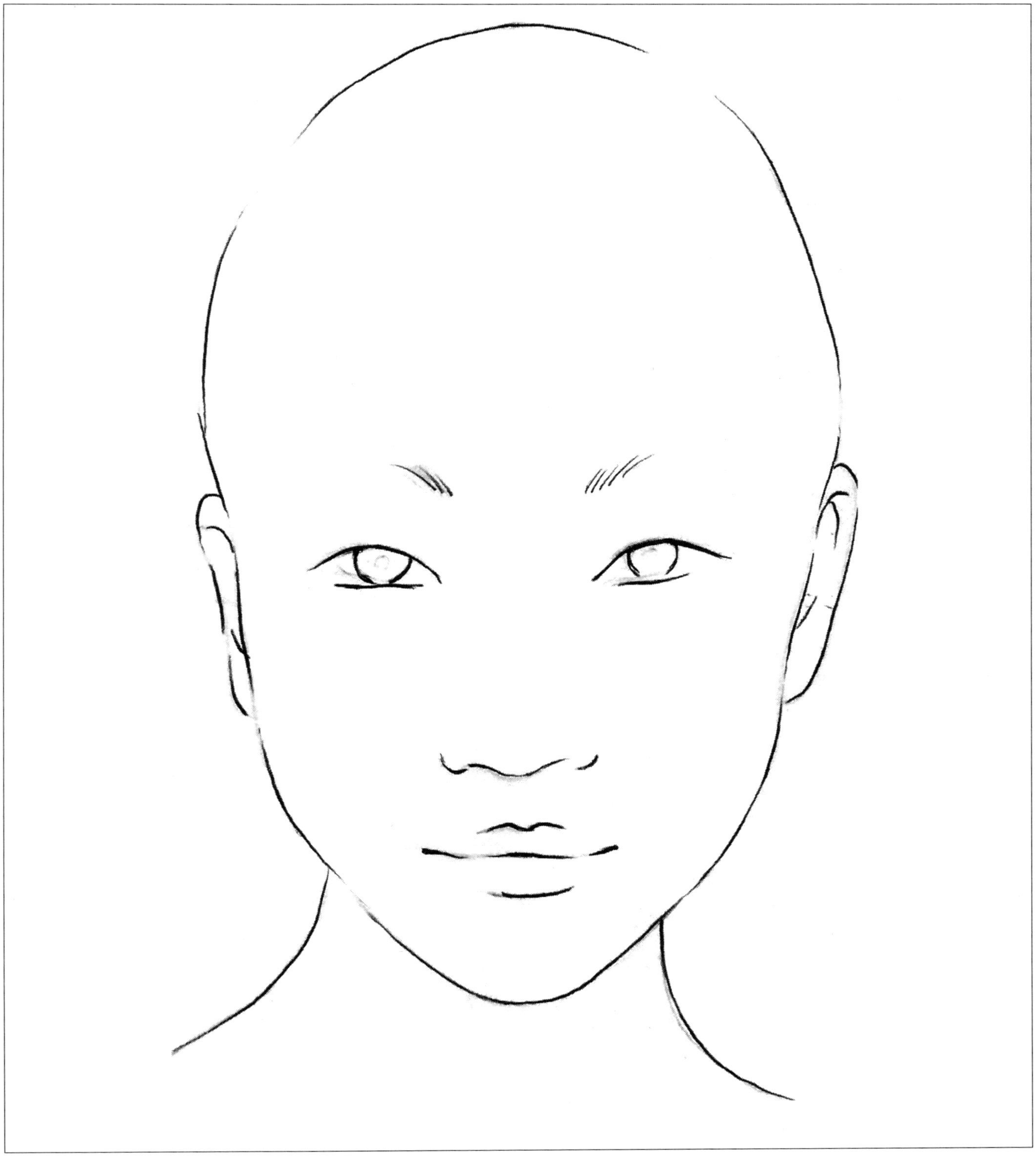

표현 이미지	
아이섀도 컬러	
립 컬러	
치크 컬러	

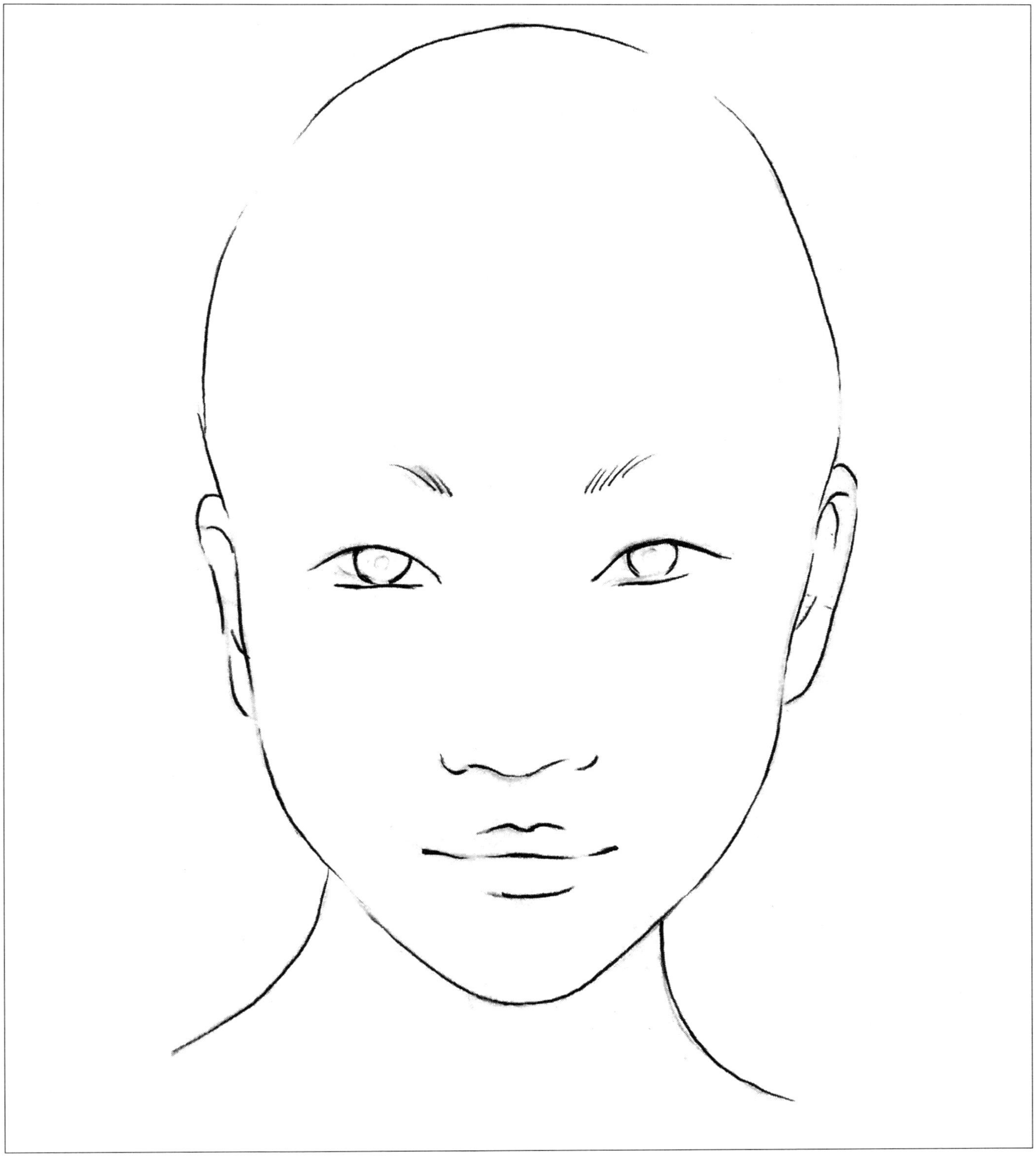

표현 이미지	
아이섀도 컬러	
립 컬러	
치크 컬러	

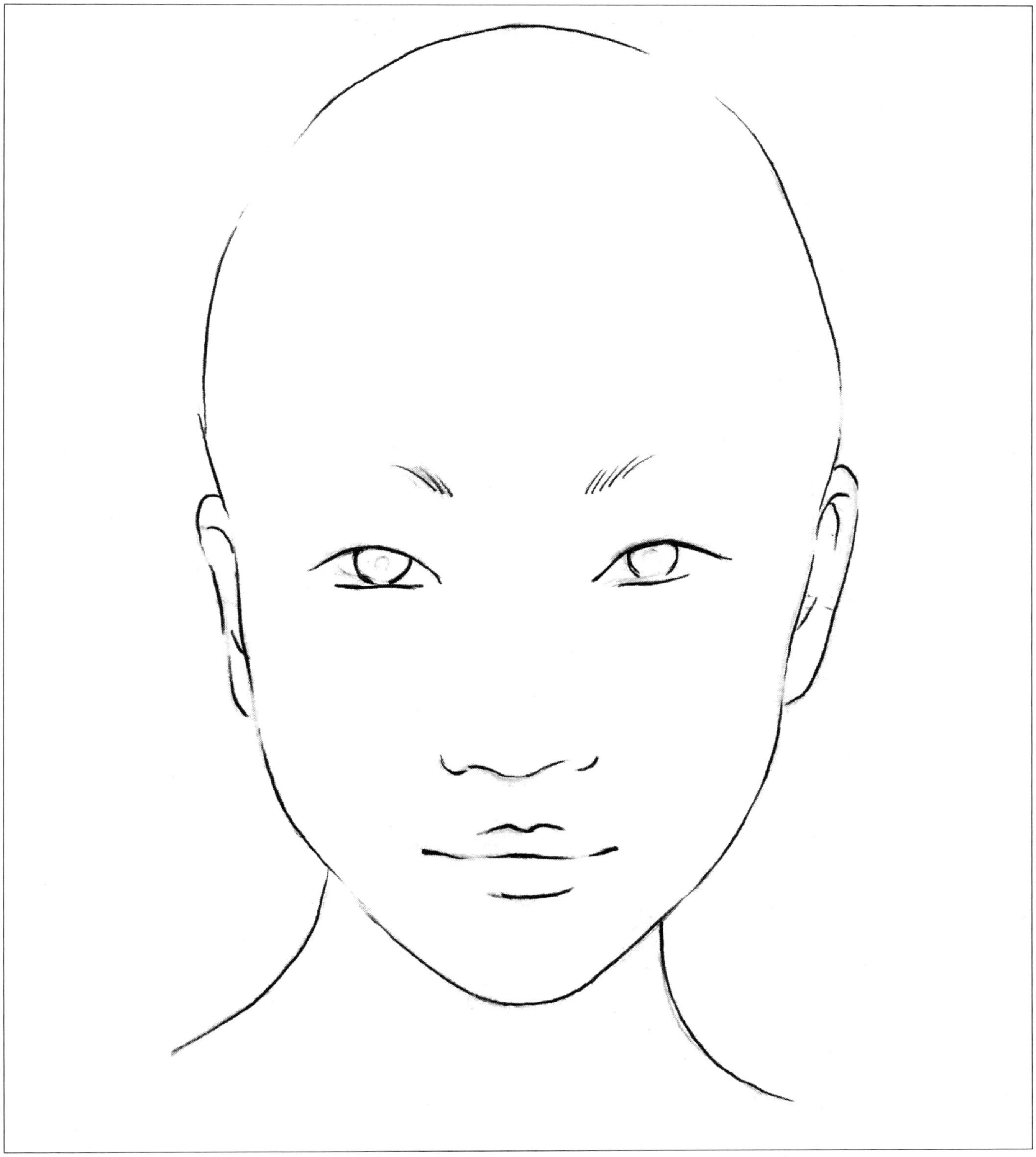

표현 이미지	
아이섀도 컬러	
립 컬러	
치크 컬러	

기초메이크업 진단평가

진단영역	진 단 문 항	매우 미흡	미흡	보통	우수	매우 우수
기초제품 사용하기	1. 나는 피부타입에 따른 제품을 선택하여 클렌징을 실시할 수 있다.	①	②	③	④	⑤
	2. 나는 클렌징 상태를 확인하고 화장솜, 면봉 등으로 추가 클렌징을 할 수 있다.	①	②	③	④	⑤
	3. 나는 피부타입, 상태에 따라 기초제품 제형, 바르는 순서 등을 선택할 수 있다.	①	②	③	④	⑤
	4. 나는 기초제품으로 피부의 일시적인 이상, 트러블에 대한 조치를 취할 수 있다.	①	②	③	④	⑤
베이스 메이크업 하기	1. 나는 피부상태, 디자인 등에 다른 메이크업 제형, 색상을 선택할 수 있다.	①	②	③	④	⑤
	2. 나는 얼굴형태, 피부색 등을 고려하여 자연스러운 피부표현을 할 수 있다.	①	②	③	④	⑤
	3. 나는 피부의 추가적인 결점 보완을 위한 제품을 선택할 수 있다.	①	②	③	④	⑤
	4. 나는 얼굴형태, 피부상태에 따른 윤곽 수정 제품을 사용할 수 있다.	①	②	③	④	⑤
아이 메이크업 하기	1. 나는 재료의 특성에 따른 질감, 발색, 밀착성, 발림성 등을 구분 · 선택할 수 있다.	①	②	③	④	⑤
	2. 나는 메이크업목적, 디자인 등을 반영하여 아이섀도우을 표현할 수 있다.	①	②	③	④	⑤
	3. 나는 메이크업목적, 디자인과 조화로운 아이라인을 표현할 수 있다.	①	②	③	④	⑤
	4. 나는 아이 메이크업 디자인과 조화되는 마스카라 제품을 활용할 수 있다.	①	②	③	④	⑤
	5. 나는 속눈썹표현을 위하여 제품을 가공하여 표현할 수 있다.	①	②	③	④	⑤
	6. 나는 최신 아이메이크업 트렌드, 제품정보를 고객에게 설명할 수 있다.	①	②	③	④	⑤
아이 브로우 메이크업 하기	1. 나는 눈썹형태, 얼굴형, 디자인 등에 따른 아이브로우 이미지를 구분할 수 있다.	①	②	③	④	⑤
	2. 나는 메이크업디자인, 스타일 등에 따른 아이브로우를 표현할 수 있다.	①	②	③	④	⑤
	3. 나는 고객의 자기 관찰을 통한 요구 사항을 분석하여 아이브로우 메이크업을 수정할 수 있다.	①	②	③	④	⑤
	4. 나는 최신 아이브로우 표현 트렌드, 제품 정보 등을 고객에게 설명할 수 있다.	①	②	③	④	⑤
립&치크 메이크업	1. 나는 스타일과 조화로운 립&치크 기본 형태를 디자인 할 수 있다.	①	②	③	④	⑤
	2. 나는 재료의 질감, 발색, 밀착성, 발림성 등을 구분할 수 있다.	①	②	③	④	⑤
	3. 나는 메이크업 디자인과 조화되는 제품을 선택하여 립&치크 메이크업을 할 수 있다.	①	②	③	④	⑤
	4. 나는 립&치크 메이크업 트렌드, 제품정보를 고객에게 설명할 수 있다.	①	②	③	④	⑤
마무리 스타일링 하기	1. 나는 스타일, 표현 이미지와 조화되는 수정보완 메이크업을 실시할 수 있다.	①	②	③	④	⑤
	2. 나는 헤어 등의 전체 코디네이션을 메이크업과 조화되도록 수정할 수 있다.	①	②	③	④	⑤
	3. 나는 메이크업 관련 스타일링, 코디네이션 트렌드를 고객에게 전달할 수 있다.	①	②	③	④	⑤

진단결과

진단영역	문항 수	점 수	점수 ÷ 문항수
기초제품사용하기	4		
베이스 메이크업하기	4		
아이 메이크업하기	6		
아이 브로우 메이크업하기	4		
립&치크 메이크업	4		
마무리 스타일링하기	3		
합 계	25		

☞ 자신의 점수를 문항 수로 나눈 값이 '3점' 이하에 해당하는 영역은 업무를 성공적으로 수행하는데 요구는 능력이 부족한 것으로 교육훈련이나 개인학습을 통한 개발이 필요함.

NCS Make-Up Study _ 기초 메이크업

2015년 3월 27일 초판 인쇄
2015년 3월 30일 초판 발행
2016년 2월 20일 개정판 발행
2021년 3월 01일 개정2판 발행

판 권
소 유

• 저자와의 협의하에 인지 생략

발행인 석종환
발행처 도서출판 예림
저 자 설현진, 최지은
디자인 석종환

경기도 남양주시 강변북로 632번길 9 영석빌딩 3층
Tel: 02) 921-6045~6 Fax: 02) 921-4524
E-mail : yaelim21c@hanmail.net
www.yelimbook.com
등록번호 제 1-2685호
ISBN 978-89-6475-118-3

정가 15,000원

※ 잘못된 책은 바꾸어 드립니다.